高职高专“十四五”计算机系列教材

Photoshop 数字图像处理项目化教程

陈业欣　谢娜　主编
冯丽华　王曼　麻佳琳　陆婷　副主编

图书在版编目(CIP)数据

Photoshop数字图像处理项目化教程 / 陈业欣, 谢娜主编 ; 冯丽华等副主编. -- 天津 : 天津大学出版社, 2022.6

高职高专“十四五”计算机系列教材

ISBN 978-7-5618-7215-4

Ⅰ. ①P… Ⅱ. ①陈… ②谢… ③冯… Ⅲ. ①图像处理软件－高等职业教育－教材 Ⅳ. ①TP391.413

中国版本图书馆CIP数据核字(2022)第099811号

出版发行 天津大学出版社
地　　址 天津市卫津路92号天津大学内（邮编:300072）
电　　话 发行部:022-27403647
网　　址 www.tjupress.com.cn
印　　刷 天津泰宇印务有限公司
经　　销 全国各地新华书店
开　　本 185mm×260mm
印　　张 19.75
字　　数 493千
版　　次 2022年6月第1版
印　　次 2022年6月第1次
定　　价 54.00元

前　言

本教材从指导项目流程入手，带领读者、学生通过实践掌握数字媒体设计中图像处理的基础工具——Photoshop（简称 PS）在专业中的使用方法。本教材以项目化实操为核心进行内容设计，针对刚入学没有任何设计学基础甚至没有任何计算机基础的学生编写了最基础的项目，并逐步引导他们掌握图像处理的技能。同时，从培养设计学基本素养着手，本教材把实用设计原则与审美素质培养作为核心目标，不仅是 PS 软件工具的使用指南，更是一本引导学生走入设计殿堂的启蒙教材。

本教材在具体操作上，兼顾到没有计算机操作基础的学生，手把手教授每一个细节，同时配套慕课视频，使学生能够通过观看视频轻松地完成每一个任务；对于 PS 中的每一个工具，尤其是与设计原理相关的工具，努力做到结合案例讲透原理，每一个案例都从设计与制作思路入手，注重创意产生过程与设计流程，培养学生举一反三的再创作思维。

本教材致力于帮助读者做到以下三点。

（1）提高个人审美水平。审美水平的高低决定设计水平的高低，要争取做一个“眼高手低”的设计者。在本教材的引导下分析大量的优秀作品，做到即便是一个很小的练习，也要求上升到提高品质和审美水平的高度，以设计原则为指导，明确努力的方向。

（2）大量练习。除临摹教材中的示范案例外，还需要进行相应的实践项目，进行创意创作，必须有强有力的执行力才能实现合格的创意，只有通过不断练习才能真正提高个人能力。

（3）独立思考。主动学习、主动思考才能真正掌握技能。本教材中案例参数的调整不是依靠死记硬背的数值，也不是使用刻板的方法，只有凭借学生个人的深刻领悟才能有效完成任务。做到举一反三，独立创作才是我们的目标。

本书由陈业欣、谢娜主编，冯丽华、王曼、麻佳琳、陆婷为副主编。其中，陈业欣负责编写引言和第 1 课、第 9 课、第 10 课、第 11 课全部内容，以及第 5 课的示范项目三、实践项目二、技术参考部分，第 6 课的示范项目三、实践项目、技术参考——合成的棋盘布局小节，第 7 课示范项目四、示范项目五、示范项目六、技术参考——示范项目六步骤详解；陆婷负责编写第 2 课全部内容，第 7 课示范项目七、实践项目三；王曼负责编写第 3 课、第 4 课全部内容；麻佳琳负责第 5 课总体规划并编写示范项目一、示范项目二、实践项目一，第 6 课总体规划并编写示范项目一、示范项目二、技术参考部分的图像透视原理与图像明暗关系两小节；冯丽华负责第 7 课总体规划并编写示范项目一、示范项目二、示范项目三、实践项目一、实践项目二、技术参考（除示范项目六步骤详解），以及第 8 课全部内容；谢娜负责本书结构设计以及引言、附录内容的编写。

本教材可满足数字媒体专业各个层次学生的需求，也可以作为数字图像处理爱好者的阅读书目。

该书配套的素材与线上视频课程请扫二维码获取。

引言

关于本教材

本教材介绍如何使用 PS 软件进行数字图像处理的创意设计，为读者提供容易理解、操作性强的创意方法，帮助读者建立使用 PS 软件解决设计问题的逻辑思路。

谁适合使用本教材进行学习

本教材适用于数字媒体、视觉传达设计等专业高职层次以上学生，以及对数字图像处理感兴趣，希望通过 PS 软件解决创意与表现问题的读者。

关于方法

本教材引导读者层层深入地解决一系列实践工作中的问题,每个模块都包含一系列数字图像处理需要解决的问题。当读者通过训练由易到难解决实际问题时,会渐渐发现设计与创意是可以通过有条不紊的思维方式获得的,这是一名设计人员的核心竞争能力。

以项目模型为中心的学习框架

首先,通过示范项目,读者将观看到专家解决现实问题的过程。然后,以专家为榜样,自己解决一个类似的实际问题,运用项目模型提供的引导,系统地进行解决特定问题的实践。读者将在遇到问题的过程中,积累实践经验,从而做好接受现实工作环境下的挑战的准备。

本教材中包含一系列经过精心组织的复杂度逐级递增的问题。从视频示范到文字指导,再到方向指引,随着教材提供的引导不断减少,读者的能力将不断增强,最终可以独立解决问题。这不仅是技能学习的过程,而且也是一个培养独立思考与创作能力的过程。

本教材以商业与设计实践应用中的个案为依据,帮助读者熟悉职业生涯中的真实问题与解决思路,从设计师的视角出发去解决问题。课程结束之后,读者不仅在技能知识方面有所精进,而且通过把这些知识应用于不同的商业领域将获得更大的信心。

专家示范——每个学习模块为读者提供一个或多个示范项目,让读者从中观看到专业设计师是如何运用技巧解决问题的,并用系统的方法完成各项任务。建议读者跟随专家的思路临摹这些示范项目,体会和学习设计师的思维方法与各种技巧的操作细节。绝大部分示范项目配有操作视频,其中详细讲解了过程与所有操作技巧,供读者反复观看学习。部分示范项目通过文字引导,为读者提供更多的想象空间,力图让读者逐步脱离引导而自主进行临摹练习。

引导实践——读者在已经获得的知识的基础上,解决一个类似的问题,用以巩固刚刚学到的概念和技能。这是一个更重要的挑战,教材会协助读者梳理思路,读者要记录解答步骤,并通过这样的过程加强自己对工作流程的熟悉程度,自觉按照相关规范执行操作,强化良好的工作习惯。在实践中读者要运用所学的方法进行工作准备。读者需要查找各种资料,包括技术参考、网上资源,并在纸上计划解答方案。通过这样的训练提高专业探索方面的技能,并使其成为一种根深蒂固的习惯,形成终生学习与进步的能力,时刻保持最新的技能、自信和判断力。

独立实践——通过独立实践,读者将自信地针对项目进行设计分析,自主制订计划,实施并验证自己的方案。独立实践的完成将为读者建立巨大的信心,使读者能够向任何项目需求方展示独立解决问题的技能。

读者可跟随本教材提供的项目书,从设计规划开始,锻炼自己的创意思维、实践动手、分析问题、解决问题的能力,每周重复上述培训周期,不断提高能力水平。

怎样使用本书

本教材内容分为 11 课,每一课包含一个特定的技能模块,这些模块从 PS 图像处理软件的操作技巧出发,逐步完成一个完整的商业项目。通过提出问题的形式引导出一个类型的多个项目。项目有三类,即专家示范、引导实践和独立实践。每课都以“开始”部分作为起点,这部分为读者梳理出之后解决问题所需要的一些基本概念;然后就是专家为读者展示的“示范项目”,从这里开始读者将看到以列表形式展示的项目书,这份项目书将带领读者进入一个工作项目的实施流程,其中项目是通过“问题陈述”引入的。通过这些精心设计与选择的问题,深入浅出地帮助读者熟悉 PS 软件的各种操作技巧,同时带领读者体会实际工作中可能出现的情景。“准备工作”就是读者进入项目实践的第一步,它往往决定了后续工作的实施方向,是设计师开始设计之前非常重要的一部分工作内容。“实施解答”是项目的核心部分,它包含设计完成一个项目的具体工作任务、解决思路与呈现效果,这部分的主体通过表格的形式为读者提供设计思路的说明和核心步骤的概述,并没有提供非常详细的操作步骤,重点是思路的梳理,读者需要开动脑筋去领会这些思路的内在逻辑,而具体的操作步骤和设计细节需要通过读者观看视频来获得。设计思路与大量琐碎具体的细节的分离,有助于读者更好地关注全局,体会设计师思考问题的逻辑。最后,通过“再想一想”,帮助读者回顾思考这个示范项目所包含的知识与技能点。

▲ 问题陈述 **▲ 实施解答**

▲ 准备工作 **▲ 再想一想**

用户的需求通过“问题陈述”来表达。而“准备工作”和“实施解答”都有各自需要完成的任务。读者需要先制订计划,把工作拆分为几个小的任务,每一个任务用一个表格来规划,包括任务描述、解决思路和结果三个部分,具体形式如下。

1.1 问题陈述

请你完成………

1.2 准备工作

计划:

任务 1 ……

任务 2 ……

实施：

任务 1 ……

任务说明	解决思路	结果
……		

任务 2 ……

任务说明	解决思路	结果
……		

1.3 实施解答

计划：

任务 1 ……

任务 2 ……

任务 3 ……

实施：

任务说明	解决思路	结果
……		

示范项目提供了执行这些任务详细的解决思路和必需的知识技能，并为读者准备了记录计划、实施任务的范本。实践项目则为读者准备了工作区，以便能草记下前期工作。

每节课的最后一个重要的部分是“技术参考”。在这一部分，读者可以详细地查看这节课所涉及的全部知识点，甚至还包括一些更细致的操作步骤说明，帮助读者更好地理解和记住相关技巧。技术参考放在每节课的最后，不代表读者在课程学习完成后才去查看，而是作为视频资料的补充，方便读者随时查看、参考。

本书结构

第1课　认识数字图像处理

在本课,读者将学到:数字图像的基本表现形式;数字图像处理的基本要求;建立一个数字图像文件。

第2课　你好PS——工具的使用

在本课,读者将学到:选区工具;绘制工具;矢量工具;编辑工具。

第3课　高品质抠图

在本课,读者将学到:如何进行选区抠图;如何进行钢笔抠图;如何进行通道抠图。

第4课　合成的奥秘——图层应用

在本课,读者将学到:图层的基本概念;图层的基本模式;图层的样式;图层的蒙版。

第5课　色彩的诱惑——调色处理

在本课,读者将学到:数字图像的调色原理;调色工具的使用方法。

第6课　光影奇迹——二维空间的三维表现

在本课,读者将学到:数字图像的三维表现形式;数字图像二维空间的三维表现。

第7课　我手绘我心——插画绘制

在本课,读者将学到:钢笔工具的使用方法;画笔工具的使用方法;利用钢笔工具与画笔预设方法绘制插画。

第8课　神奇幻术——滤镜应用

在本课,读者将学到:风格化滤镜的使用方法;模糊滤镜的使用方法;扭曲滤镜的使用方法;杂色滤镜的使用方法。

第9课　化腐朽为神奇——产品精修

在本课,读者将学到:产品修瑕技巧;产品铺光技巧;产品结构塑造技巧;产品精修步骤。

第10课　女神的诞生——人物精修

在本课,读者将学到:人物修瑕技巧;高低频磨皮;人物外形再塑造;根据性格做肤色调整。

第11课　会动的海报

在本课,读者将学到:故障艺术海报设计;PS图层、通道、滤镜的综合应用;半调网屏效果;PS动态海报制作。

目 录

第 1 课

认识数字图像处理

目标

在本课，读者将学到：

√ 数字图像的基本表现形式；

√ 数字图像处理的基本要求；

√ 如何建立一个数字图像文件。

1.1 开始

1）数字图像

数字图像又称数码图像或数位图像，是用有限数字数值像素表示的二维图像，一般包括位图和矢量图两类。

2）位图

位图（bitmap）亦称点阵图像或栅格图像，是由叫作像素（图片元素）的单个点组成的图像。

3）矢量图

矢量图是使用直线和曲线来描述的图形，构成这些图形的元素包括点、线、矩形、多边形、圆和弧线等，它们都是通过数学公式计算获得的，具有编辑后不失真的特点。

4）分辨率

分辨率是指位图图像中细节的精细度，以像素/英寸或像素/厘米为单位。

5）Photoshop

Photoshop 是一款用于数字图像处理与合成的应用软件，简称 PS。

1.2 示范项目：制作汽车合成图

课前思考：

图像为什么需要进行处理？

怎样的图像处理效果是合格的？

数字图像有哪些基本文件形式？

1.2.1 问题陈述

现在拟为一款品牌汽车制作宣传图片，请在资源库中寻找合适的汽车图片与道路图片，并把它们合成在一起。

1.2.2 准备工作

计划：

任务 1　寻找标杆图

任务 2　挑选适合的图片

实施：

任务 1　寻找标杆图

任务说明	解决思路	结果
寻找标杆图：作为一个新手，很难确定作品要做成什么样子，因此需要找一些优秀的案例作为设计的参考，这就是标杆图	浏览参考网站，看看优秀的风光片、人物写真、产品展示是什么样的，思考本项目的设计方向	寻找到符合问题描述的标杆图（图 1-1） 图 1-1

任务 2　挑选适合的图片

任务说明	解决思路	结果
挑选合适的图片：参考标杆图中的场景与元素布局，找到需要的素材图片。当然还要注意符合品牌需求	在 Photoshop 中打开这些图片，观察它们的分辨率。考虑一下，哪些图片是可以使用的，哪些不能使用。 在选择素材图片时，除了主题视角符合需求外，图片的清晰度也是非常重要的。必须使用足够清晰的图片才能得到高品质的合成图片	选出清晰度与幅面大于需求的优质图片（图 1-2、图 1-3） 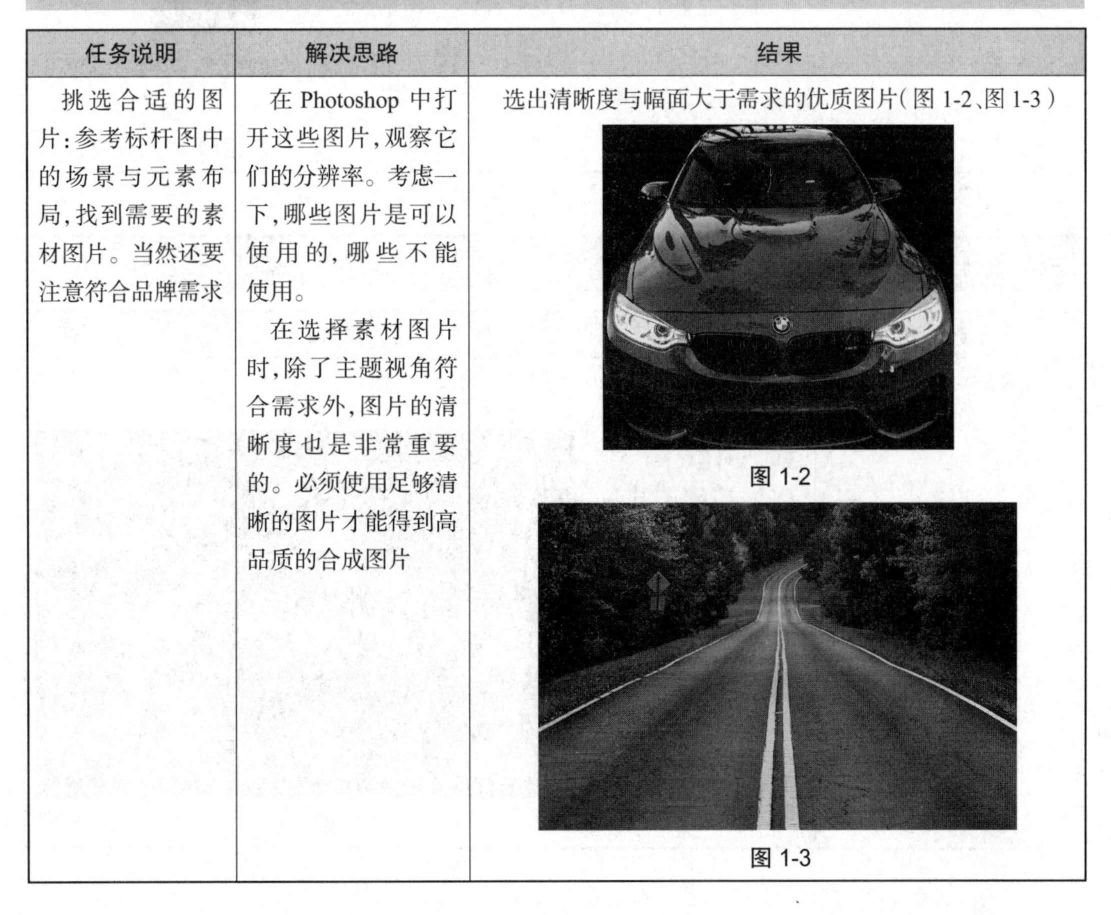 图 1-2 图 1-3

1.2.3 实施解答

计划：

任务 1 新建 Photoshop 文件

任务 2 图像合成

任务 3 图像输出

实施：

任务 1 新建 Photoshop 文件

任务说明	解决思路	结果
认识 Photoshop 软件图标、启动位置，建立一个 Photoshop 文件	（1）启动软件，新建一个 Photoshop 文件。 （2）确定画面大小与分辨率： 宽度高度为 1280 px × 850 px； 分辨率为 72 ppi。 （3）确定保存位置与文件名称： 把文件保存到 D 盘根目录； 文件命名为“姓名-项目 1.psd”	文件建立成功，文件名命名正确（图 1-4） Ps PSD 王小二-项目 1.psd 图 1-4

任务 2 图像合成

任务说明	解决思路	结果
把两张素材图片融合成一张完整和谐的图片	（1）把选好的两张图片分别拖动到新建的文件中； （2）挪动图片位置，摆放恰当； （3）保存文件	图像合成成功（图 1-5） 图 1-5

任务 3　图像输出

任务说明	解决思路	结果
选择合适的图片显示格式,把 PS 源文件转存为在媒体中传播显示的通用格式	幅面不变、分辨率不变,以 jpg 的格式输出图像	按照正确的格式输出图像文件,并上传到线上作业中(图 1-6) 王小二-项目1.jpg 图 1-6

1.2.4　再想一想

(1)幅面大小与分辨率分别是多少?

(2)文件格式是什么意思?

(3)图像色彩是否匹配?

(4)合成在一起的不同图像的位置和大小是否影响美观?

1.3　实践项目:街头女孩合成图

1.3.1　问题陈述

现有一张照片(图 1-7),需要给其中的女孩换一个背景,且已经把其中的人物抠出来了(图 1-8)。请在给出的图片(图 1-9 和图 1-10)中挑选适合的图像文件,与人物素材合成为一个完整美观的图片。

图 1-7

图 1-8

图 1-9　　图 1-10

1.3.2　准备工作

计划：

任务 1　在网上或从其他设计资料来源处寻找标杆图

任务 2　挑选出适合的素材图片

实施：

任务 1　在网上或从其他设计资料来源处寻找标杆图

任务说明	解决思路	结果
在网上或从其他设计资料来源处寻找标杆图	在网上寻找一些人物与风景、人物与道路的图片，分析人物与场景的关系	一个画面只能有一条视平线

任务 2　挑选出适合的素材图片

任务说明	解决思路	结果
挑选出适合的素材图片	透视角度基本一致的图片才能合成到同一张图中	

1.3.3　实施解答

计划:

任务 1　新建 Photoshop 文件

任务 2　图像合成

任务 3　图像输出

实施:

任务 1　新建 Photoshop 文件

任务说明	解决思路	结果
新建 Photoshop 文件		

任务 2　图像合成

任务说明	解决思路	结果
把两张素材图片融合成一张完整和谐的图片		

任务 3　图像输出

任务说明	解决思路	结果
选择合适的图片显示格式,把 PS 源文件转存为在媒体中传播显示的通用格式		

1.4　小结

目标完成情况

在本课,已经学到:

√ 数字图像的基本表现形式;

√ 数字图像处理的基本要求;

√ 如何建立一个数字图像文件。

1.4.1 数字图像的基本表现形式

数字图像在数字屏幕上有位图与矢量图两种表现形式。

1.4.2 数字图像处理的基本要求

初学者应当明确的基本要求是图像清晰,色彩和谐,整体画面布局自然美观。

1.4.3 如何建立一个数字图像文件

使用 Photoshop 软件可以建立一个数字图像文件,其源文件为 psd 格式。当应用输出时可根据最终的使用媒介、显示要求选择不同的输出格式,一般有 png 格式、jpg 格式与 gif 格式等。

1.5 技术参考

目标

在这一部分,读者将学到:

√ 常用设计师网站推荐;

√ 认识数字图像;

√ 认识色彩;

√ 使用 Photoshop CC 建立一个合成图像文件。

1.5.1 常用设计师网站推荐

1.5.1.1 设计原理

优设的网址:https://www.uisdc.com/

其首页如图 1-11 所示。

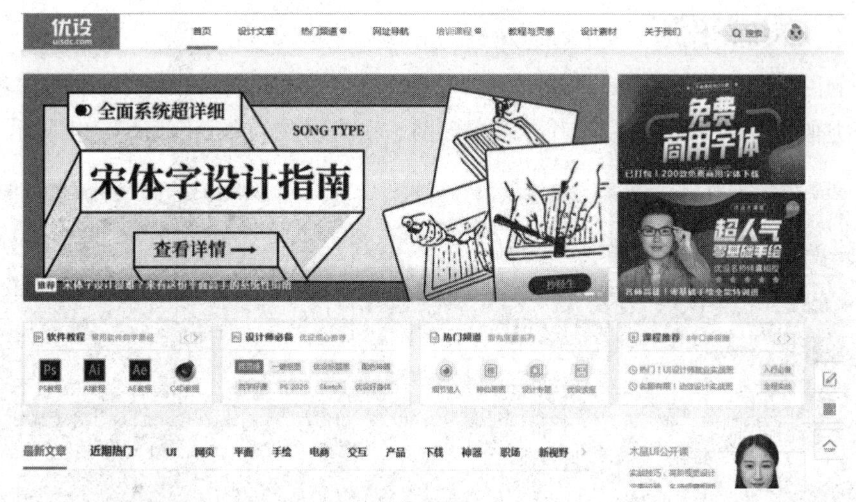

图 1-11

中国流行色彩如图 1-12 所示。

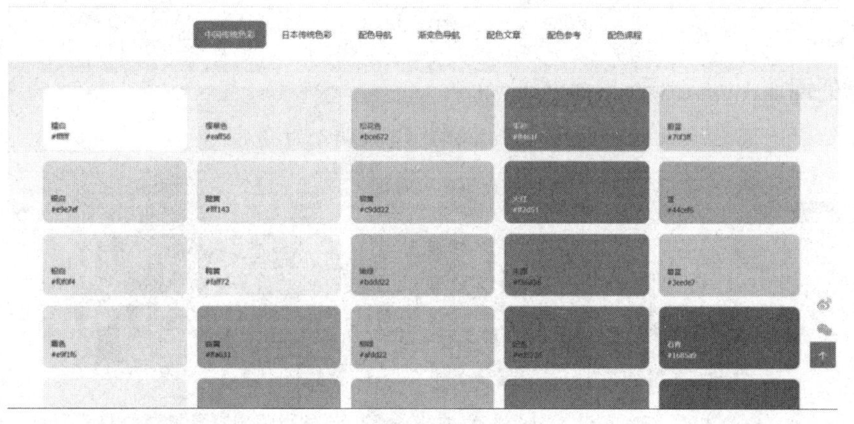

图 1-12

漂亮的渐变颜色的网址:https://uigradients.com

流行的渐变色如图 1-13 所示。

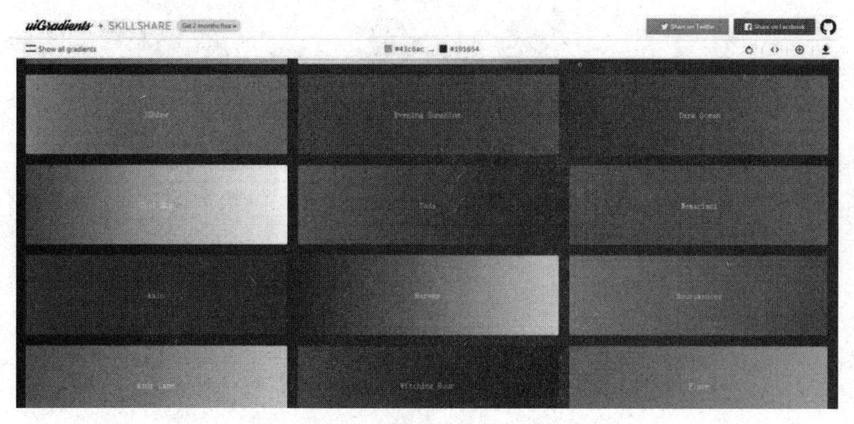

图 1-13

1.5.1.2 灵感来源

花瓣的网址:https://huaban.com/

花瓣类似国外的 Pinterest,读者可以在该网站采集喜欢的图片,如图 1-14 所示。

图 1-14

站酷的网址:https://www.zcool.com.cn/

站酷是国内优秀的设计师交流平台,如图 1-15 所示。

图 1-15

Dribbble 的网址:https://dribbble.com/

Dribbble 是设计师必备站点,是国内外顶尖设计师的作品发布平台,如图 1-16 所示。

图 1-16

1.5.2　认识数字图像

1.5.2.1　数字图像

数字图像又称数码图像或数位图像，是用有限数字数值像素表示的二维图像。

1.5.2.2　位图（图像）

位图（bitmap）亦称点阵图像或栅格图像，是由叫作像素（图片元素）的单个点组成的图像。这些点可以进行不同的排列和染色以构成图样。当放大位图时，可以看见构成整个图像的无数单个方块。扩大位图尺寸的效果是增大单个像素，从而使线条和形状显得参差不齐。然而，如果从稍远的位置观看，位图的颜色和形状又显得是连续的，如图 1-17 所示。用数码相机拍摄的照片、扫描仪扫描的图片以及计算机截屏图等都属于位图。位图的优点是可以表现色彩的变化和颜色的细微过渡，产生逼真的效果；缺点是在保存时需要记录每一个像素的位置和颜色值，占用较大的存储空间。常用的位图处理软件有 Photoshop（同时也包含矢量功能）、Painter 和 Windows 系统自带的画图工具等。

1.5.2.3　图像单位

像素（或像元，pixel）是数字图像的基本元素。

像素是在模拟图像数字化时对连续空间进行离散化得到的。每个像素具有整数行（高）和列（宽）位置坐标，同时每个像素都具有整数灰度值或颜色值。

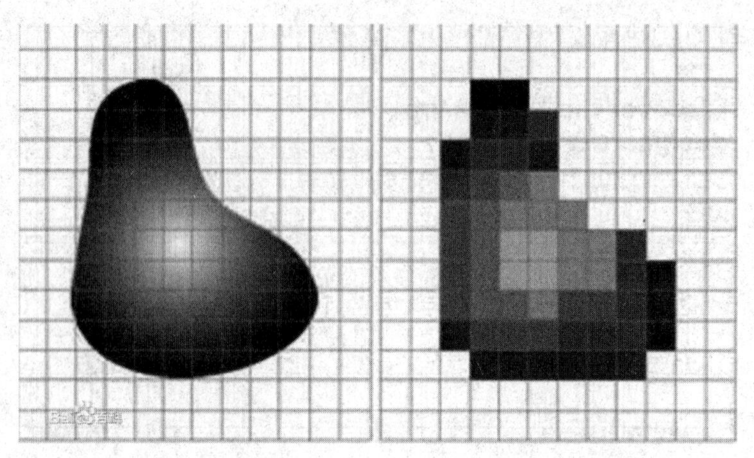

图 1-17

1.5.2.4 矢量图(图形)

矢量图(图 1-18)是使用直线和曲线来描述的图形,构成这些图形的元素包括点、线、矩形、多边形、圆和弧线等,它们都是通过数学公式计算获得的,具有编辑后不失真的特点。例如一幅画的矢量图实际上是由线段形成外轮廓,由外轮廓的颜色以及外轮廓所封闭的颜色决定画显示出的颜色。

图 1-18

矢量图也称为面向对象的图像或绘图图像,在繁体版本上称为向量图,是计算机图形学中用点、直线或者多边形等基于数学方程的几何图元表示的图像。矢量图最大的优点是无论放大、缩小或旋转等都不会失真;最大的缺点是难以表现色彩层次丰富的逼真图像效果。

既然每个对象都是一个自成一体的实体,就可以在维持其原有清晰度和弯曲度的同时随意变化。这意味着它们可以按最高分辨率显示到输出设备上。

矢量图以几何图形居多,图形可以无限放大,而不变色、不模糊,常用于图案、标志、VI(视觉识别系统)、文字等设计,常用软件有 CorelDraw、Illustrator、Freehand、XARA、CAD 等。

1.5.2.5　分辨率

分辨率是一个用来描述图像呈现的清晰程度的概念。也可以说,分辨率决定了位图图像细节的精细程度。

通常情况下,图像的分辨率越高,所包含的像素就越多,图像就越清晰,印刷的质量也就越好。同时,它也会增加文件占用的存储空间。

一般用单位面积所包含的像素点数作为分辨率的单位。

描述分辨率的单位有:dpi(点每英寸)、lpi(线每英寸)、ppi(像素每英寸)和 ppd(角分辨率,像素每度)。

为了描述显示屏上能显示出的像素点数,可以使用以下组合:像素每英寸(ppi),如 72 ppi 和 8 英寸 ×6 英寸,这样的一个显示屏显示的像素点数为 576×432。

当然也有很多时候,"分辨率"被表示成每一个方向上的像素数量,如 640×480 等。

另外,ppi 和 dpi 经常会出现混用现象,但是它们所用的领域存在区别。从技术角度说,"像素"只存在于电脑显示领域,而"点"只出现于打印或印刷领域。

1.5.3　认识色彩

1.5.3.1　CMYK

CMYK 是印刷上较普遍使用的色彩模式。它采用 C(青)、M(品红)、Y(黄)、K(黑)四色高饱和度的油墨以不同角度的网屏叠印形成复杂的彩色图片。(见附录 2　彩图附-1)

1.5.3.2　RGB

RGB 是计算机显示器及其他常见数字设备显示颜色的色彩模式,其所有颜色都是由 R(红)、G(绿)、B(蓝)三种发光质通过加光混合形成的。(见附录 2　彩图附-2)

1.5.3.3　HSB

HSB 是以人眼视觉细胞即眼睛对颜色的感觉为基础,采用 H(色相)、S(饱和度)、B(亮度)表示颜色。在 HSB 模式中,S 和 B 的取值都是百分比,H 是角度,表示色相在全色相围成的色相环上的位置。(见附录 2 彩图附-3)

1.5.4　使用 Photoshop CC 建立一个合成图像文件

1.5.4.1　新建文档

1)启动 Photoshop

(1)执行下列操作:选择"文件"→"新建",弹出"新建文档"对话框,如图 1-19 所示。

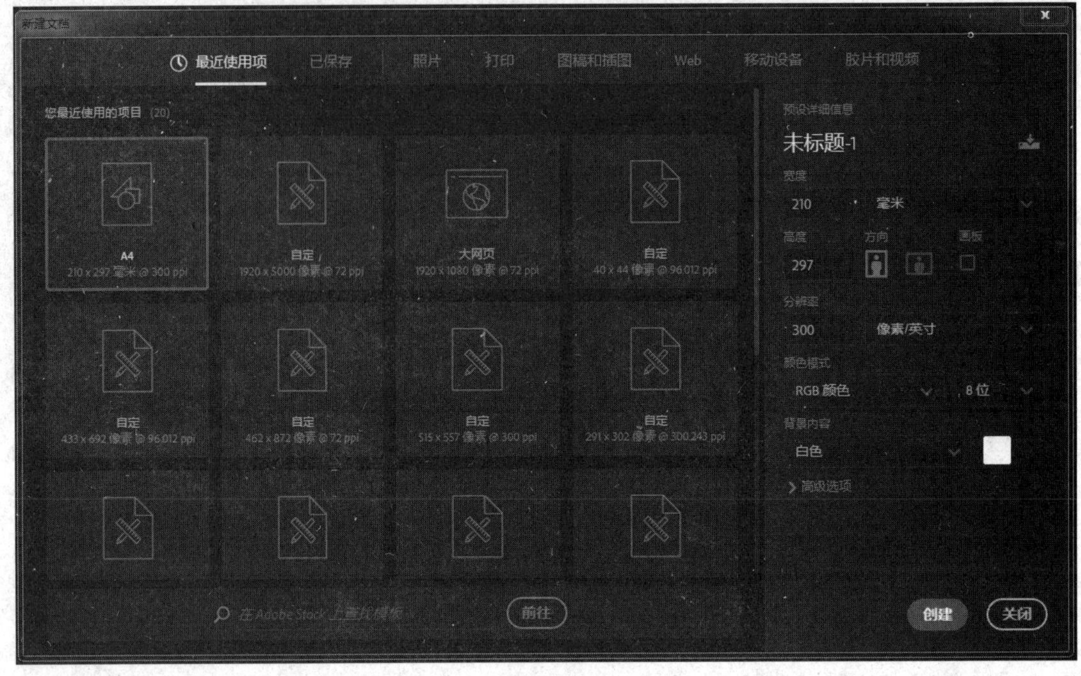

图 1-19

（2）在“新建文档”对话框中执行以下操作：

①使用从 Adobe Stock 中选择的模板创建多种类别的文档，如照片、打印、图稿和插图、Web、移动设备以及胶片和视频；

②快速打开最近访问的文件、模板和项目（近期选项卡）；

③存储自定预设，以便重复使用或者后期快速访问（已存储选项卡）；

④使用空白文档预设，针对多个类别和设备外形规格创建文档，打开预设之前，可以修改其设置。

2）使用预设创建文档

（1）在“新建文档”对话框中，单击一个类别选项卡，如照片、打印、图稿和插图、Web、移动设备以及胶片和视频。

（2）选择一个预设，或者也可以更改右侧预设详细信息窗格中选定预设的设置。

（3）单击“创建”，Photoshop 将根据预设，打开一个新文档。

3）修改预设

在使用预设打开文档之前，可以在右侧预设详细信息窗格中修改其设置，如图 1-20 所示。

（1）为新文档指定文件名。

（2）为选定的预设指定以下选项。

①宽度和高度：指定文档的大小，从弹出菜单中选择单位。

②方向：指定文档的页面方向，横向或纵向。

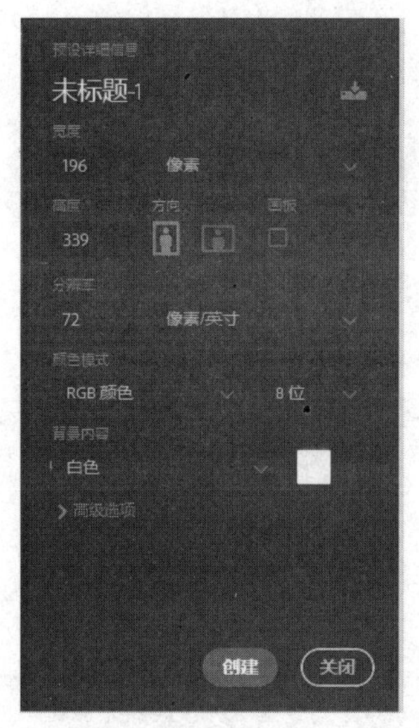

图 1-20

③画板:如果希望文档中包含画板,应选择此选项,Photoshop 会在创建文档时添加一个画板。

④颜色模式:指定文档的颜色模式,通过更改颜色模式,可以将选定的新文档配置文件的默认内容转换为一种新颜色。

⑤分辨率:指定位图图像中细节的精细度,以像素/英寸或像素/厘米为单位。

⑥背景内容:指定文档的背景颜色。

(3)若指定以下额外选项,应单击“高级选项”,如图 1-21 所示。

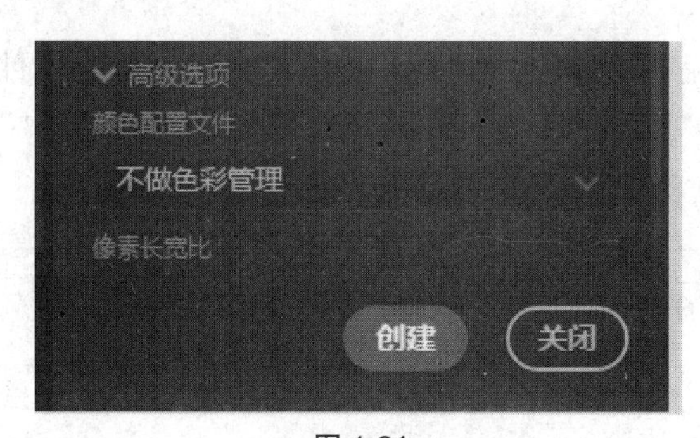

图 1-21

①颜色配置文件:从各种选项中为文档指定颜色配置文件。

②像素长宽比:指定一帧中单个像素的宽度与高度的比例。

(4)单击“创建”,以打开使用预设设置的文档。

4)文件保存

(1)执行下列操作:选择“文件”→“存储”,当第一次保存文件时,将弹出“另存为”对话框,如图 1-22 所示。

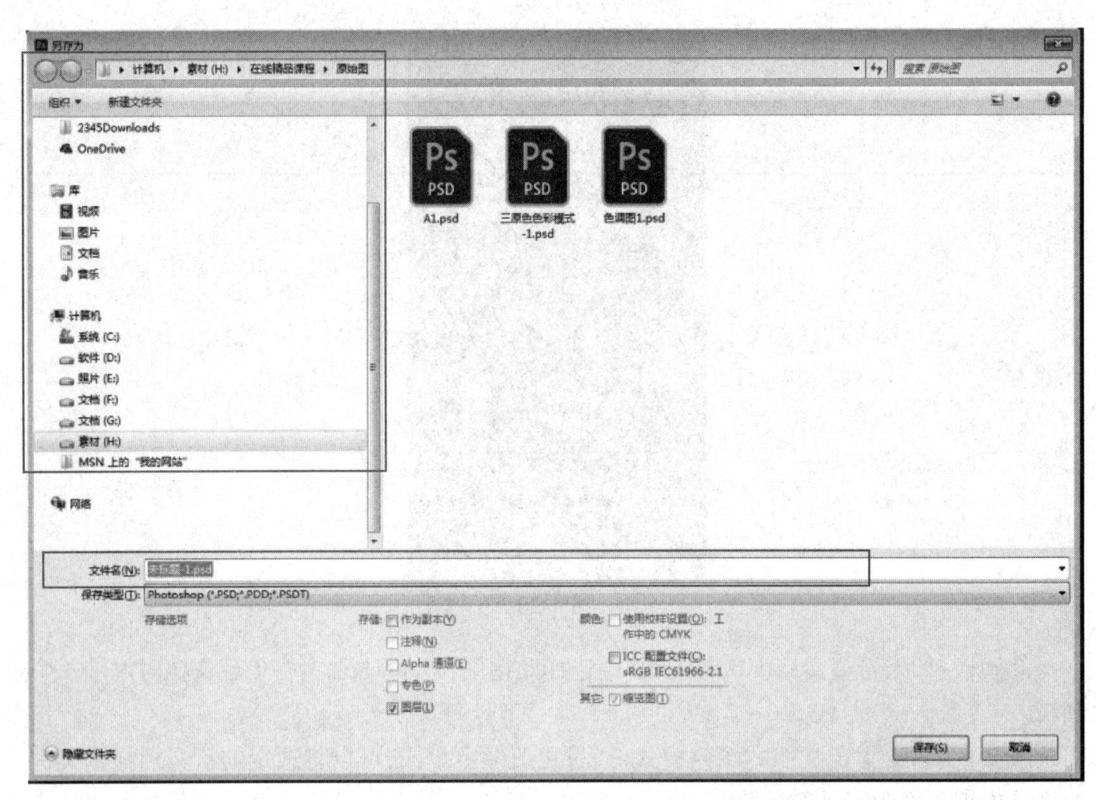

图 1-22

（2）在对话框左侧选择需要保存文件的位置，即磁盘、文件夹。

（3）在“文件名”后的文本框中输入文件名。

（4）单击“保存”。

（5）若文件已经保存过，选择“文件”→“存储”，将会自动保存文件，不再弹出“另存为”对话框。此时如果需要对文件改名，可选择“文件”→“存储为”，调出“另存为”对话框。

建立与保存文件的逻辑思路如图 1-23 所示。

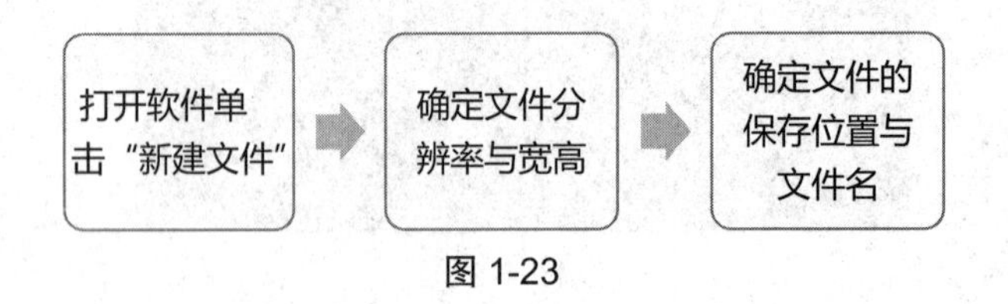

图 1-23

5）打开已有文档

（1）启动 Photoshop。

（2）执行下列操作：选择“文件”→“打开”，选择一个预设，弹出“打开”对话框，如图 1-24 所示。

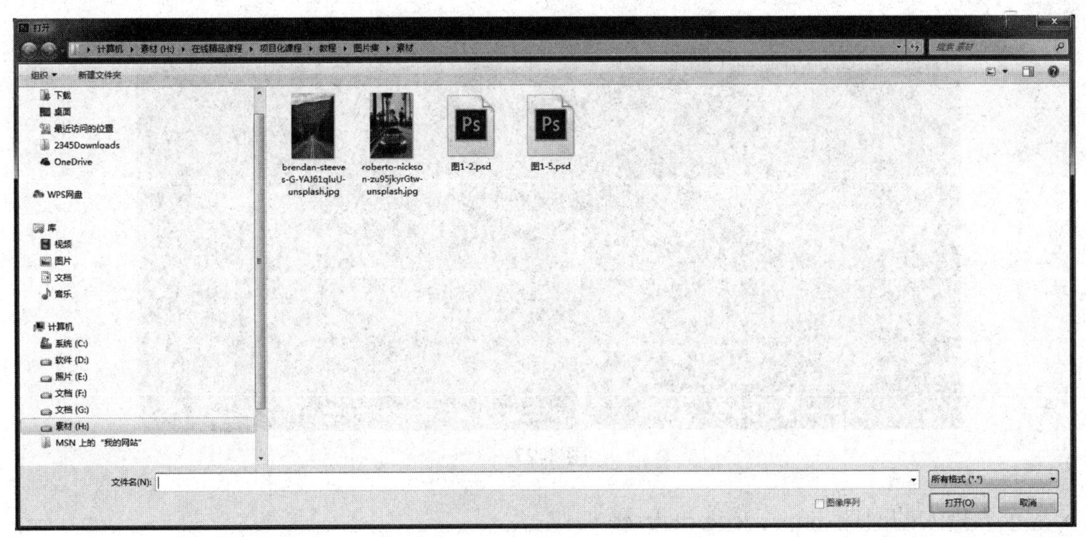

图 1-24

（3）选择需要打开的文件，单击“打开”。

Photoshop 可以同时打开多个文件。

6）图像的复制与粘贴

可以通过使用“剪切”与“粘贴”命令把一个图像移动到另一个图像中；可以通过“拷贝”与“粘贴”命令把一个图像复制到另一个图像中。这两种方法都可以完成把两个图像合并在一起的效果。

移动图像的逻辑思路如图 1-25 所示。

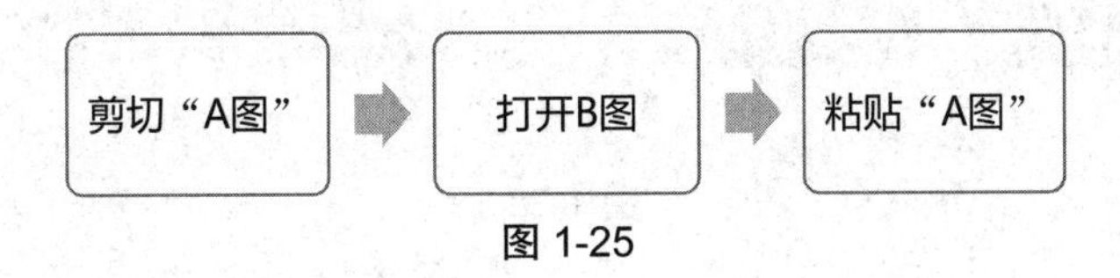

图 1-25

复制图像的逻辑思路如图 1-26 所示。

图 1-26

1.5.4.2　配色方案

日本传统色辞典的网址：https://nipponcolors.com/

其首页如图 1-27 所示。

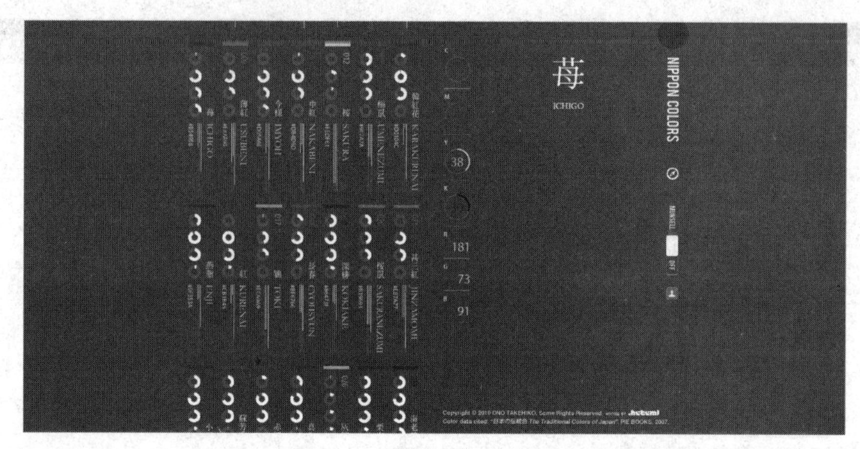

图 1-27

色彩猎人的网址:https://colorhunt.co
其配色方案网站如图 1-28 所示。

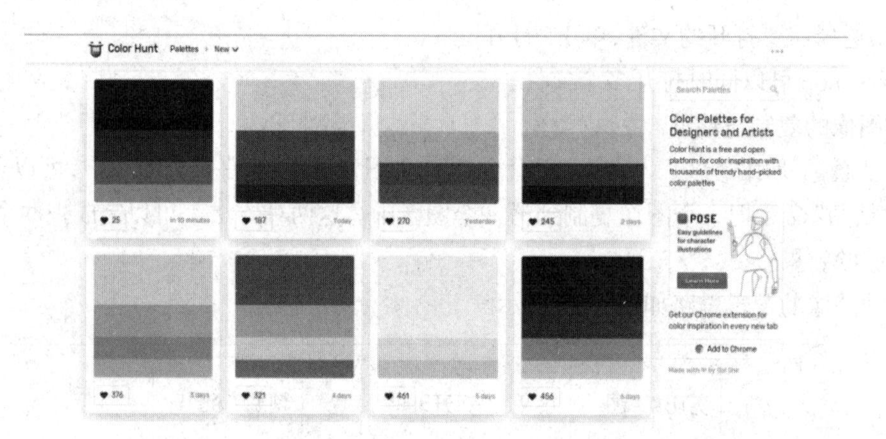

图 1-28

第 2 课

你好 PS——工具的使用

目标

在本课，读者将学到：

√ 选区工具；

√ 绘制工具；

√ 矢量工具；

√ 编辑工具。

2.1 开始

1）编辑图像的工具

编辑图像的工具包括：移动工具、裁切工具、抓手工具、缩放工具。

2）建立选区的工具

建立选区的工具包括：选框工具、套索工具、魔棒工具。

3）绘制工具

绘制工具包括：画笔工具、吸管工具、橡皮擦工具、渐变填充工具。

4）矢量工具

矢量工具包括：钢笔工具、路径选择工具、矩形工具。

5）特殊效果工具

特殊效果工具包括：仿制图章工具、锐化模糊工具、加深减淡工具、文字工具。

2.2 示范项目一：图像合成中的工具应用

课前思考：

熟悉工具栏多种工具的名称和图标。

熟悉常用编辑图像工具的快捷操作。

处理图像时根据不同需求分别要用到哪些工具？

浏览一些图片，思考不同的图片处理效果分别使用到了哪些工具？

2.2.1 问题陈述

欣赏两张图片（图2-1、图2-2），通过对图片的观察，会发现这两张图片很明显是经过合成处理的。总结常见的图像处理手法，可以发现常见的手法不外乎做特效合成、图片调色、加装饰、做美容等。

图 2-1

图 2-2

通过几个简单的图像合成任务,来实际感受一下常用于图像处理的工具分别能够完成哪些效果。

任务1　梦幻婚纱照片效果
任务2　酷炫明星图片合成
任务3　为儿童画添加彩虹效果
任务4　为老人头像进行美颜处理
任务5　清除海滩图片中的杂物

2.2.2　准备工作

计划:

任务1　观察梦幻婚纱照片的素材图和效果图,思考如何进行合成
任务2　观察酷炫明星图片的素材图和效果图,思考如何进行合成
任务3　观察儿童画的素材图和完成图,思考如何进行修图
任务4　观察老人美颜图片的素材图和效果图,思考如何进行修图
任务5　观察海滩图片的素材图和效果图,思考如何进行修图

实施:

任务 1　观察梦幻婚纱照片的素材图和效果图,思考如何进行合成

任务说明	解决思路	结果
观察梦幻婚纱照片的素材图和效果图,思考如何进行合成 素材图(图 2-3、图 2-4) 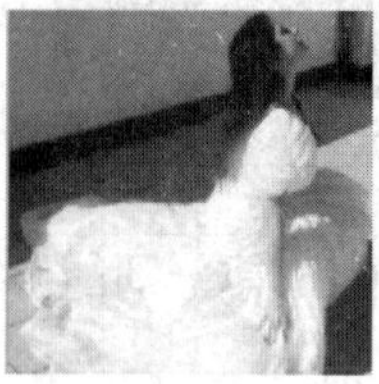 图 2-3 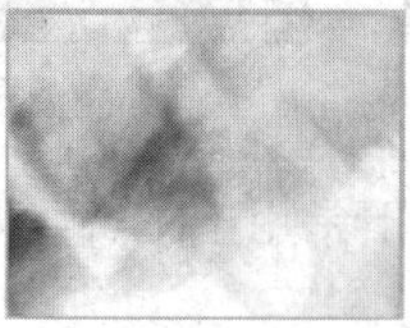　图 2-4 效果图(图 2-5),见附录 2　彩图附-4 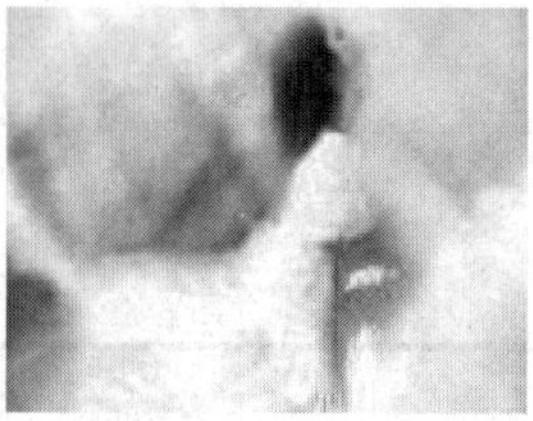 图 2-5	仔细观察可以发现,人物的边缘带有模糊效果,产生朦胧的美感,因此可以在使用选区工具的时候通过设置羽化值的方式进行模糊边缘的抠图	确定合成制作的基本思路:使用设置羽化值的套索工具进行抠图,然后将人物图片合并到梦幻的背景图片中,见附录 2　彩图附-4

任务 2　观察酷炫明星图片的素材图和效果图，思考如何进行合成

任务说明	解决思路	结果
观察酷炫明星图片的素材图和效果图，思考如何进行合成 素材图（图 2-6、图 2-7） 图 2-6　图 2-7 效果图（图 2-8），见附录 2　彩图附-5 图 2-8	观察效果图与素材图发现，图 2-7 中没有图 2-8 中的闪烁星光，图 2-6 提供了一个黑色的星光效果。因此，可以利用这个黑色的星光作为笔刷形状，自定义一个笔刷，然后在图 2-7 中涂抹，就可以绘制出许多星光的效果。可以将素材当中提供的闪光效果添加至人物图片当中；利用渐变工具添加 7 种颜色的渐变；尝试使用特殊效果等工具	确定合成制作的基本思路：使用自定义画笔工具，给素材图添加酷炫的效果

任务 3　观察儿童画的素材图和完成图，思考如何进行修图

任务说明	解决思路	结果
观察儿童画的素材图和完成图，思考如何进行修图 素材图（图 2-9），效果图（图 2-10），见附录 2　彩图附-6 图 2-9　图 2-10	观察效果图与素材图发现，现在的任务是需要将一个七色的弧形彩虹添加到画面中。PS 的渐变填充工具可以设置多种颜色的连续渐变，可以尝试使用这个工具结合选区和不透明度的设置等操作完成这个任务	确定修图的基本思路：使用渐变填充工具，给图片添加彩虹效果

任务 4　观察老人美颜图片的素材图和效果图，思考如何进行修图

任务说明	解决思路	结果
观察老人美颜图片的素材图和效果图，思考如何进行修图 素材图（图 2-11），见附录 2　彩图附-7；效果图（图 2-12），见附录 2　彩图附-8 图 2-11　图 2-12	观察效果图与素材图发现，现在的任务是需要去除老人脸上的皱纹，使面部变得光滑，再对头发进行处理，把白发变成黑色	确定修图的基本思路：使用特殊效果工具中的修复工具去除面部的皱纹；再使用加深减淡工具中的加深工具为头发添加颜色

任务 5　观察海滩的素材图和效果图，思考如何进行修图

任务说明	解决思路	结果
观察海滩的素材图和效果图，思考如何进行修图 素材图（图 2-13），见附录 2　彩图附-9；效果图（图 2-14），见附录 2　彩图附-10 图 2-13　图 2-14	观察效果图与素材图发现，现在的任务是去除海滩上的人物、物品，可以使用修复工具中的仿制图章工具完成这个操作	确定修图的基本思路：使用仿制图章工具去除海滩上多余的人和物

2.2.3　实施解答

计划：

任务 1　梦幻婚纱照片效果

任务 2　酷炫明星图片合成

任务 3　为儿童画添加彩虹效果

任务 4　为老人头像进行美颜处理

任务 5　清除海滩图片中多余的人和物

任务 1　梦幻婚纱照片效果

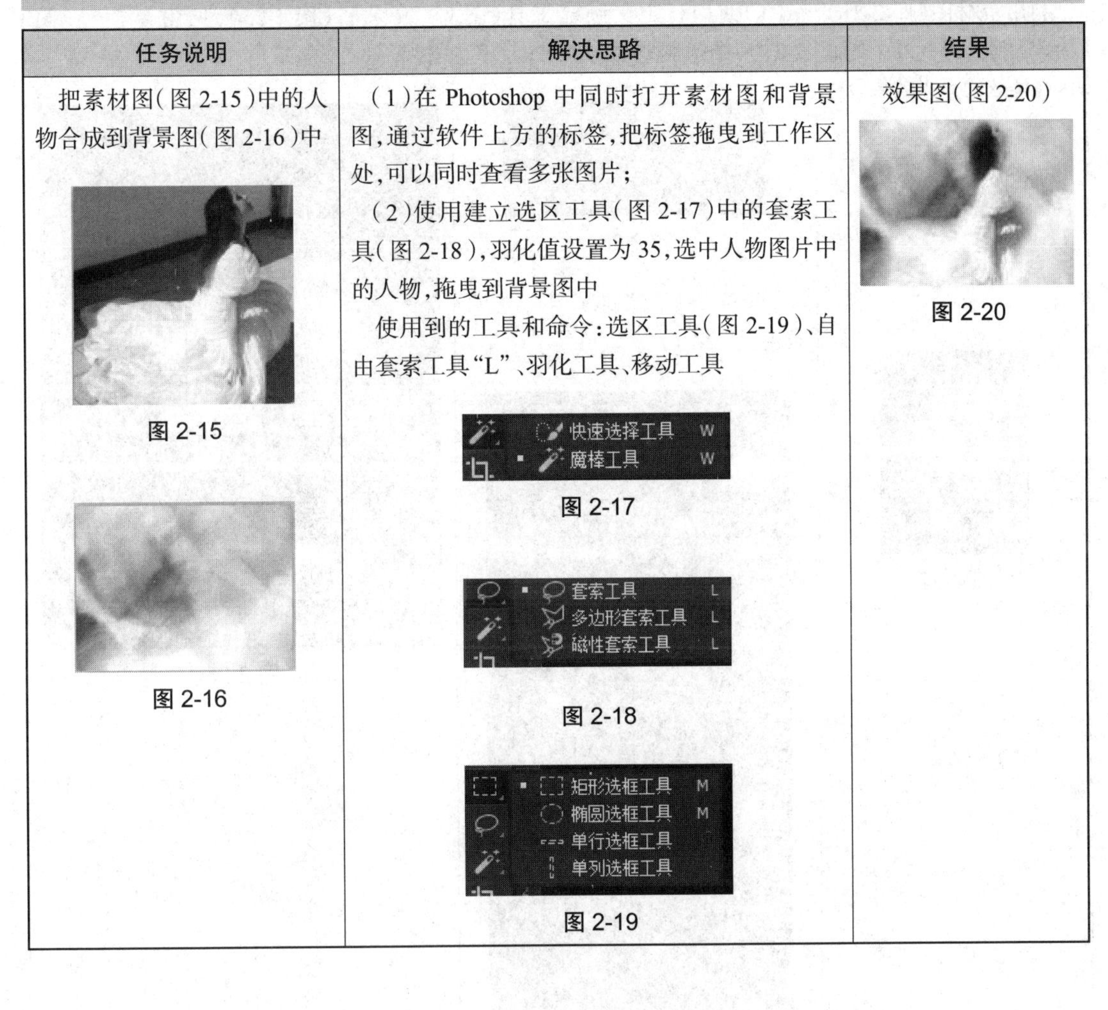

任务说明	解决思路	结果
把素材图(图 2-15)中的人物合成到背景图(图 2-16)中 图 2-15 图 2-16	(1)在 Photoshop 中同时打开素材图和背景图,通过软件上方的标签,把标签拖曳到工作区处,可以同时查看多张图片; (2)使用建立选区工具(图 2-17)中的套索工具(图 2-18),羽化值设置为 35,选中人物图片中的人物,拖曳到背景图中 使用到的工具和命令:选区工具(图 2-19)、自由套索工具“L”、羽化工具、移动工具 快速选择工具 W 魔棒工具 W 图 2-17 套索工具 L 多边形套索工具 L 磁性套索工具 L 图 2-18 矩形选框工具 M 椭圆选框工具 M 单行选框工具 单列选框工具 图 2-19	效果图(图 2-20) 图 2-20

任务 2 酷炫明星图片合成

任务说明	解决思路	结果
利用素材图(图 2-21)为素材图(图 2-22)添加闪亮酷炫的星光效果 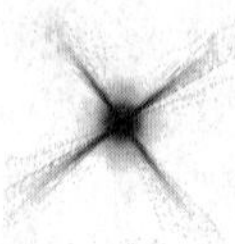 图 2-21  图 2-22	(1)使用自定义画笔工具(图 2-23)为图片添加装饰效果;  画笔工具 B 铅笔工具 B 颜色替换工具 B 混合器画笔工具 B 图 2-23 (2)调节画笔笔刷,产生半透明效果(图 2-24) 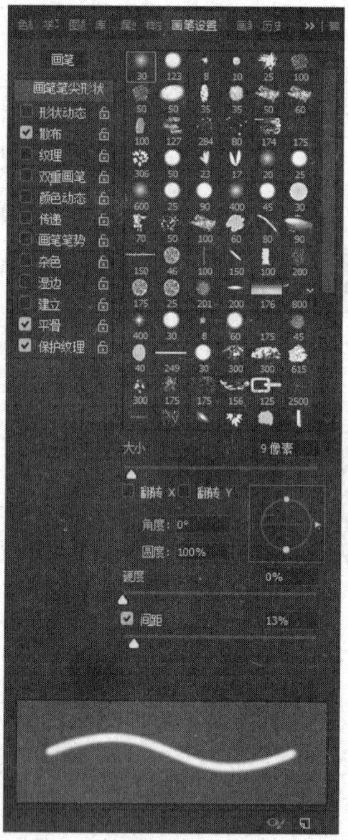 图 2-24	效果图(图 2-25),见附录 2 彩图附-5  图 2-25

任务 3　为儿童画添加彩虹效果

任务说明	解决思路	结果
为给定的素材图(图 2-26)添加一道美丽的彩虹  图 2-26	(1)使用渐变填充工具中的径向渐变设置一个彩虹填充效果,见附录 2　彩图附-6; (2)在新建的图层上使用调节好的渐变工具进行点击拖曳,可以得到一个以拖曳线条为直径的圆形渐变; (3)删除一半的彩虹得到最终效果(图 2-27),见附录 2　彩图附-11 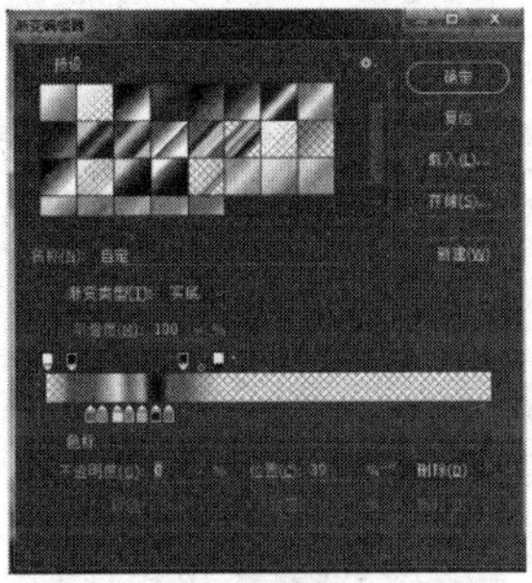 图 2-27	效果图(图 2-28)  图 2-28

任务 4 为老人头像进行美颜处理

<table>
<tr><th>任务说明</th><th>解决思路</th><th>结果</th></tr>
<tr>
<td>对素材图（图 2-29）进行去除皱纹、头发染色等美颜处理

图 2-29</td>
<td>（1）使用修补工具和污点修复画笔工具（图 2-30），去除人物脸上的瑕疵，如斑点、皱纹；
（2）使用加深工具（图 2-31），加深头发的颜色；
（3）使用模糊工具（图 2-32），减少皮肤上的毛孔和小瑕疵；
（4）使用海绵工具提高嘴唇色彩的明度和纯度；
（5）使用减淡工具给牙齿做美白效果；
（6）使用色阶工具为照片进行整体色彩调节，使人物的气色红润健康
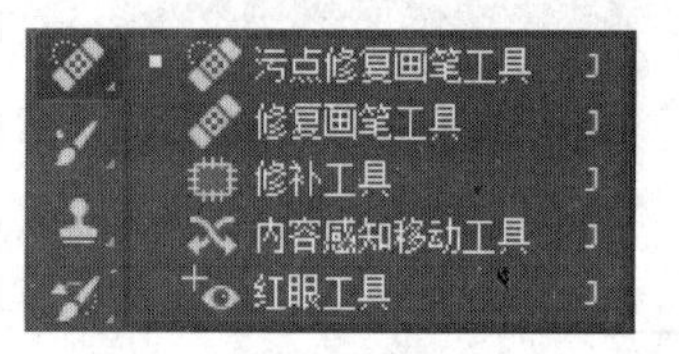

图 2-30

图 2-31

图 2-32</td>
<td>效果图（图 2-33）

图 2-33</td>
</tr>
</table>

任务 5　清除海滩图片中多余的人和物

任务说明	解决思路	结果
使用仿制图章工具去除素材图（图 2-34）上不需要的内容 图 2-34	（1）打开需要修改的素材图，点击仿制图章工具，选定仿制点位置； （2）在要修改掉的位置进行点击涂抹； （3）注意仿制点的位置要不断重新定义，否则仿制出的图像效果会出现重复或者不自然的情况	效果图（2-35） 图 2-35

2.2.4　再想一想

（1）是否大部分的图片合成处理都执行了建立选区操作？为什么？

（2）渐变填充工具和画笔工具是否都支持透明度和自定义的变化？

（3）仿制图章工具适用于哪些情况下的修改工作？

2.3　示范项目二：合成旅游宣传海报

2.3.1　问题陈述　　2.3.3　实施解答

2.3.2　准备工作　　2.3.4　再想一想

2.3.1　问题陈述

使用给定的素材图，合成如图 2-36 所示的旅游宣传海报，见附录 2　彩图附-12。

图 2-36

2.3.2 准备工作

计划：

任务　观察图片并思考合成步骤

实施：

任务　观察图片并思考合成步骤

任务说明	解决思路
观察合成海报提供的素材图（图 2-37 至图 2-40），思考如何把它们合成为最终效果图 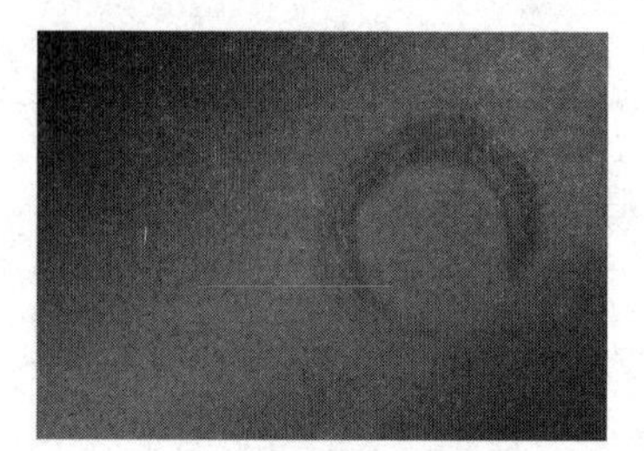 图 2-37  图 2-38 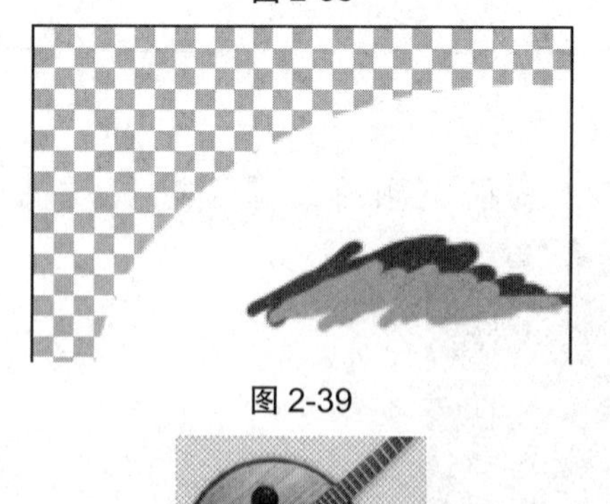 图 2-39  图 2-40	（1）把素材合并到同一个文件中； （2）素材需要进行抠图，调整各素材的位置和大小，拼出效果图； （3）效果图中的文字和图形等素材需要添加绘制； （4）素材图的颜色和效果图不一样，需要进行调整

2.3.3　实施解答

计划：

任务 1　建立 PS 文件，把素材整理到文件中

任务 2　风景图的抠图和融图

任务 3　绘制 LOGO 图形

任务 4　文字的添加与效果制作

任务 5　保存文件，正确输出图片文件

任务 1　建立 PS 文件，把素材整理到文件中

任务说明	解决思路	结果
建立 PS 文件，确定文件大小，并把素材整合到文件中	（1）建立 A4 大小的空白文档，编辑和整理提供的素材； （2）把风景图、乐器和涂抹形状拖曳到背景图中； （3）调整各个图形的位置和大小	效果图（图 2-41） 图 2-41

任务 2　风景图的抠图和融图

任务说明	解决思路	结果
对风景图进行抠图和融图	（1）使用蒙版工具抠出风景图； （2）使用图层混合模式改变风景图的颜色； （3）使用文字工具添加文字	效果图（图 2-42） 杭州西湖 水光声色 绝妙无比 树叶旅游 图 2-42

任务 3　绘制 LOGO 图形

任务说明	解决思路	结果
在右下角的白色区域中绘制一个 LOGO	（1）使用画笔工具添加树叶作为装饰。 （2）完成后保存两种格式的文档： ①保存或另存为 Photoshop 源文件，后缀为.psd； ②导出可压缩的位图格式（后缀为.jpg）的预览文件	效果图（图 2-43） 图 2-43

任务 4　文字的添加与效果制作

任务说明	解决思路	结果
添加文字，并为文字添加渐变效果	（1）使用文字工具添加文字，使用渐变填充工具给文字添加渐变色； （2）使用画笔工具添加树叶作为装饰	效果图（图 2-44） 图 2-44

任务 5　保存文件，正确输出图片文件

任务说明	解决思路
保存文件，并输出 jpg 格式文件	完成后保存两种格式的文档： （1）保存或另存为 Photoshop 源文件，后缀为.psd； （2）导出可压缩的位图格式（后缀为.jpg）的预览文件
结果	
效果图（图 2-45），见附录 2　彩图附-12	

图 2-45

2.3.4　再想一想

（1）给照片换背景色一般需要用到哪些工具？

（2）去掉不小心拍进背景里的垃圾桶需要用到哪些工具？

（3）社团招新，制作一张矢量海报需要用到哪些工具？

（4）掌握文字工具的使用和编辑。

2.4 实践项目一：美化手机照片

2.4.1 问题陈述

从手机里找一张使用原相机拍摄的中景照片，想想有什么地方可以改进，尝试把它制作得更精美。

2.4.2 准备工作

计划：

任务 观察图片并思考

实施：

任务 观察图片并思考

任务说明	解决思路	结果
观察图片并思考		

2.4.3 实施解答

计划：

任务 1

任务 2

任务 3

实施：

任务 1

任务说明	解决思路	结果

任务 2

任务说明	解决思路	结果

任务 3

任务说明	解决思路	结果

2.5　示范项目三：制作情侣写真折页

2.5.1　问题陈述

2.5.2　准备工作

2.5.3　实施解答

2.5.4　再想一想

2.5.1 问题陈述

使用给定的素材图，合成一张情侣写真折页效果图（图 2-46、图 2-47）。

图 2-46　　　　图 2-47

2.5.2 准备工作

计划：

任务　观察情侣写真折页的素材图和效果图，思考如何进行合成

实施:

任务　观察情侣写真折页的素材图和效果图，思考如何进行合成

任务说明	解决思路
观察合成海报提供的素材图（图 2-48 至图 2-55），思考如何把它们合成效果图 背景(左).jpg 图 2-48　背景.jpg 图 2-49　边框素材.jpg 图 2-50　人物素材1.png 图 2-51 人物素材2.jpg 图 2-52　图形1.jpg 图 2-53　图形2.psd 图 2-54　图形3.jpg 图 2-55	（1）把素材合并到同一个文件中； （2）素材需要进行抠图，调整各素材的位置和大小，拼出效果图； （3）效果图中的文字和图形等素材需要添加绘制； （4）素材图的颜色和效果图不一样，需要进行调整

2.5.3　实施解答

计划:

任务 1　建立 PS 文件，把素材整理到文件中

任务 2　图形的抠图和合成

任务 3　人物素材的抠图和合成

任务 4　细节的添加和美化

任务 5　保存文件，正确输出图片文件

任务 1　建立 PS 文件，把素材整理到文件中

任务说明	解决思路	结果
建立 PS 文件，确定文件大小，并把素材整合到文件中	（1）使用提供的背景素材图建立文档，以背景图片的大小为准，编辑和整理提供的素材； （2）把人物素材 1、2（图 2-51、图 2-52），图形 1、2、3（图 2-53 至图 2-55）拖曳合成到背景图片中； （3）调整各个图形的位置和大小	建立一个以背景素材大小为准的文档，将所提供的素材导入并进行大致的位置和大小调整

任务 2　图形的抠图和合成

任务说明	解决思路	结果
将提供的图形1、2、3（图 2-53至图 2-55）抠图处理好并合成	（1）图形 1（图 2-53）使用自由套索工具沿图形外轮廓抠出白色背景的卡通自行车图片，设置羽化值为 30，将抠出的部分导入文档（图 2-56）； 图 2-56 （2）图形 2（图 2-54）提供的.psd 格式素材为透明背景素材，无须抠图，可以直接导入文档（图 2-57）； 图 2-57 （3）图形 3（图 2-55）使用快速选择工具抠出 LOVE 形状心形图形，删除素材背景后导入文档（图 2-58）； 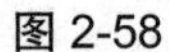 图 2-58 （4）人物素材 1（图 2-51）使用自由套索工具沿人物外轮廓进行简单抠图，设置羽化值 30，并将素材导入文档（图 2-59）  图 2-59	右半折页的基本效果已经呈现，还需要进一步调节画面的色彩和添加细节美化（图 2-60） 图 2-60

任务3　人物素材的抠图和合成

任务说明	解决思路	结果
（1）人物素材2（图2-52）的精确抠图； （2）调整阴影等细节，使素材与背景融合得更自然	（1）使用快速选择或者对象选择工具（此工具为PS2020版本新增）得到人物和气球的大致选区，点击打开属性栏中的选择并遮住命令，打开选择并遮住面板，默认选择“调整边缘画笔工具”（图2-61），使用此工具涂抹气球边缘和人物毛发等没有抠除干净的部分； 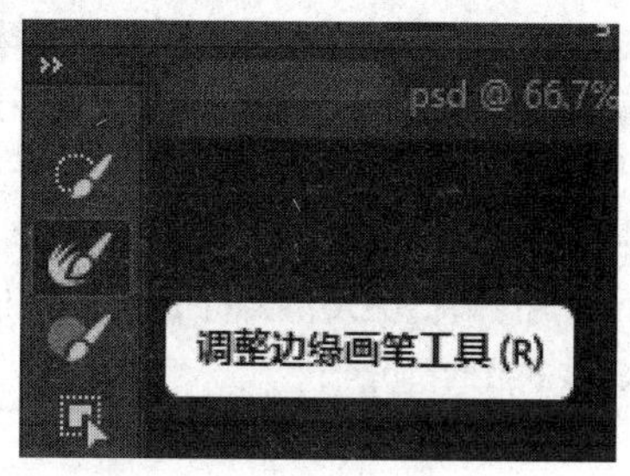 图2-61 （2）选择视图模式并遮住面板的右侧，涂抹完成后勾选“净化颜色”选项（图2-62），自动净化抠图边缘多余的残留像素； 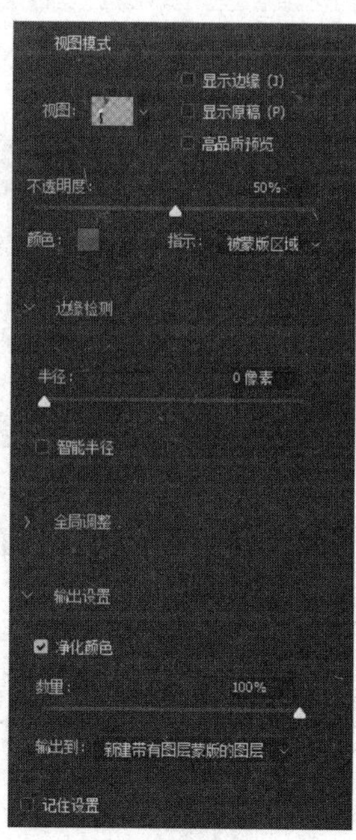 图2-62 （3）参数调节完毕后点击“确定”，生成一个带蒙版的新图层； （4）抠图完成后使用柔边画笔沿人物的右下脚部边缘绘制简单的阴影效果，设置灰色655d5b、透明度60%，使人物素材与背景融合更加自然	左半折页效果（图2-63）  图2-63

任务 4　细节的添加和美化

任务说明	解决思路	结果
（1）添加左半边文字； （2）添加左半边边框素材； （3）绘制右半边粉色矩形装饰	（1）打开边框素材图，完成抠图，放置在左半边进行装饰，并使用色相饱和度命令调节色彩，使之与背景色协调； （2）使用直排文字工具添加左半边的文字内容； （3）使用矩形选框工具绘制矩形长条形选区，新建图层并填充与背景相似的粉色，注意矩形绘制要比半幅画面长一些； （4）使用 Ctrl+T 自由变换工具旋转矩形并调整图层的顺序，调整至人物素材 2 的图层下面，遮挡住矩形多余的部分	完成细节美化的图形绘制

任务 5　保存文件，正确输出图片文件

任务说明	解决思路	结果
保存文件，并输出 jpg 格式文件	完成后保存两种格式的文档： （1）保存或另存为 Photoshop 源文件，格式为.psd； （2）导出可压缩的位图格式（.jpg）的预览文件	完成最终的情侣写真折页效果图（图 2-64） 图 2-64

2.5.4　再想一想

（1）素材抠图一般需要使用哪些工具？

（2）哪种情况下素材使用自由套索工具抠图，哪些又使用快速选择或者魔棒工具？

（3）素材图片的调色如何能达到与整幅画面色调和谐？

（4）矩形选框工具与矩形工具有什么区别？

2.6　实践项目二：化妆品海报制作

2.6.1　问题陈述

使用给定的素材制作一张化妆品海报(图 2-65)，见附录 2　彩图附-13。

图 2-65

2.6.2　准备工作

计划：

任务　观察图片并思考

实施:

任务　观察图片并思考

任务说明	解决思路	结果
观察图片并思考		

2.6.3　实施解答

计划:

任务 1　新建合适尺寸的文件

任务 2　利用选区工具处理好需要的素材(例如人物、产品、背景素材等)

任务 3　将处理好的素材按照合理的版式结构进行构图和摆放

任务 4　利用学习的各类工具命令进行细节调节

任务 5　保存导出

任务 1　新建合适尺寸的文件

任务说明	解决思路	结果

任务 2　利用选区工具处理好需要的素材(例如人物、产品、背景素材等)

任务说明	解决思路	结果

任务 3　将处理好的素材按照合理的版式结构进行构图和摆放

任务说明	解决思路	结果

任务 4　利用学习的各类工具命令进行细节调节

任务说明	解决思路	结果

任务 5　保存导出

任务说明	解决思路	结果

2.7　小结

目标完成情况

在本课,已经学到:

√ 选区工具;

√ 绘制工具;

√ 矢量工具;
√ 编辑工具。

2.7.1 编辑工具的快捷操作

通过反复练习操作尽量熟记基本编辑工具的快捷操作,以增加作图效率。

2.7.2 选区工具

理解选区创建的原理,针对不同的图像情况使用不同的工具进行处理,并使用矩形选框工具、单列选框工具在图层中填充色彩。

2.7.3 绘制工具

理解位图绘制填充与矢量绘制的区别。
初步了解路径的编辑方法。
理解位图绘制中对于透明度的使用。

2.7.4 特殊工具

熟悉处理人物照片时常用的工具。
学会分析不同的工具针对不同瑕疵的处理效果。
学会使用仿制图章工具修改多余的背景。
熟悉加深减淡工具与模糊锐化工具的应用方法。

2.7.5 文字工具

简单了解文字工具的基本参数和调节方法,为后期整体设计打好基础。

2.7.6 色彩调节命令

根据处理图片的需要选择适合的色彩调节工具,色相饱和度工具为色彩调节的常用工具,理解色相、饱和度、明度三个命令对应的效果以及着色命令的使用方法。

2.7.7　选择并遮住

选择并遮住是人物精确抠图时经常使用的命令，常用于边缘的半透明处理，例如毛发的处理、清除没有处理干净的边缘像素。

2.7.8　图层蒙版

理解图层蒙版的用法，并在调整层的蒙版中进行应用。

2.8　技术参考

目标

在这一部分，读者将学到：

√　软件工具栏认识；

√　常用快捷键；

√　如何使用常用工具进行简单的图像处理。

常用工具及快捷操作对照

2.8.1　编辑工具的快捷操作

图 2-66

移动工具"V"（图 2-66）

图 2-67

抓手工具"按住空格"（图 2-67）

图 2-68

缩放视图"Ctrl +\ −"（图 2-68）

图 2-69

缩放图像“Ctrl+T”（图 2-69）
临时使用移动工具“Ctrl”
裁剪、切片、切片选择工具“C”

2.8.2 选区工具

图 2-70

魔棒工具“W”（图 2-70）

图 2-71

套索、多边形套索、磁性套索工具“L”（图 2-71）

图 2-72

矩形、椭圆选框工具“M”（图 2-72）
多种工具共用一个快捷键的可同时按“Shift”加此快捷键选取
全部选取“Ctrl+A”
取消选择“Ctrl+D”
选区工具同时按住“Shift”加选，按住“Alt”减选

2.8.3 绘制工具

图 2-73

渐变、油漆桶工具“G”（图 2-73）

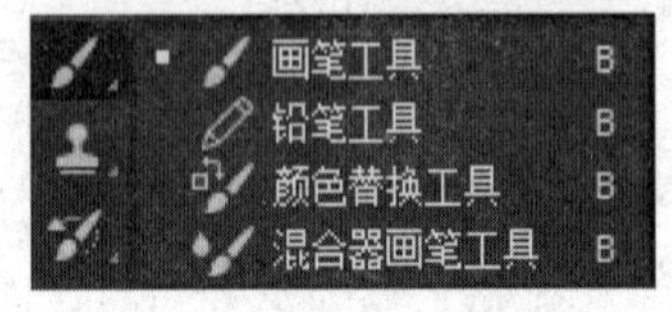

图 2-74

吸管、颜色取样器、标尺、注释工具“I”
画笔、铅笔、颜色替换、混合器画笔工具“B”（图 2-74）

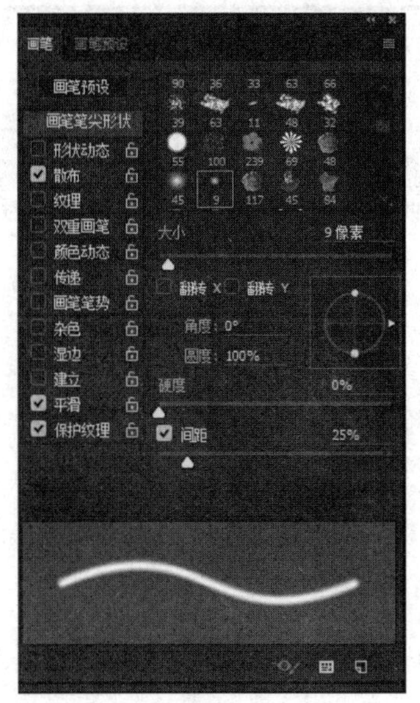

图 2-75

F5 画笔预设面板（图 2-75）
循环选择画笔“[”或“]”
选择第一个画笔“Shift+[”
选择最后一个画笔“Shift+]”

2.8.4　矢量工具

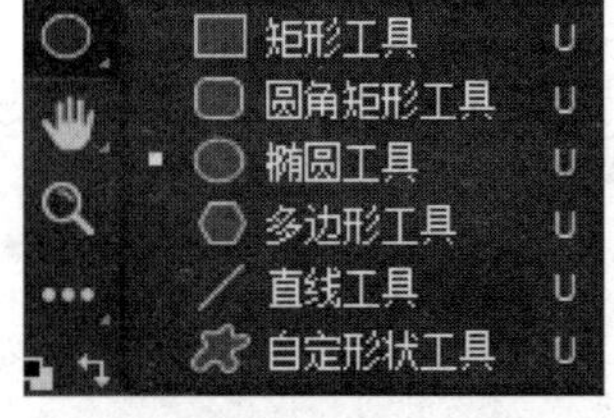

图 2-76

矩形、圆角矩形、椭圆、多边形、直线、自定形状工具“U”（图 2-76）

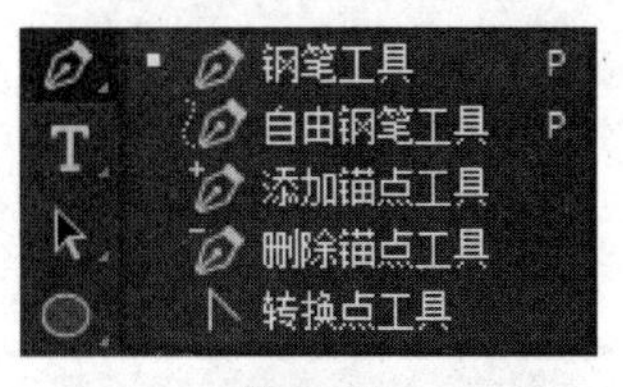

图 2-77

钢笔、自由钢笔工具“P”（图 2-77）

图 2-78

路径选择、直接选择工具“A”（图 2-78）
使用钢笔工具时，按住“Ctrl”键可以临时切换至路径选择工具

2.8.5 特殊效果工具

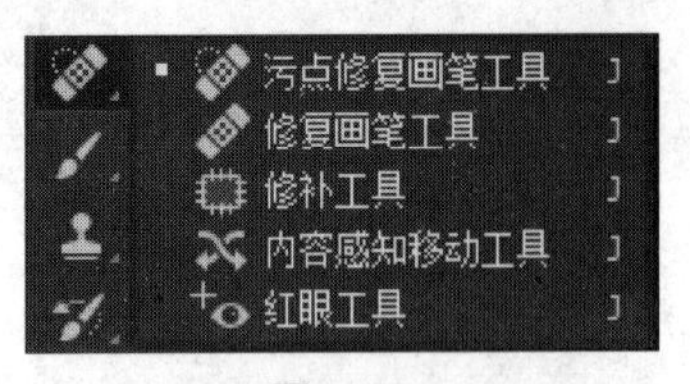

图 2-79

污点修复画笔、修复画笔、修补、内容感知移动、红眼工具“J”（图 2-79）

图 2-80

减淡、加深、海绵工具“O”（图 2-80）

图 2-81

仿制图章、图案图章工具“S”（图 2-81）

第 3 课

高品质抠图

目标

在本课，读者将学到：

√ 如何进行选区抠图；

√ 如何进行钢笔抠图；

√ 如何进行通道抠图。

3.1 开始

1)选区

当对图像进行操作时,往往是针对图像中某个特定的元素或者区域进行操作,这时需要把这个元素或区域挑选出来,这部分被挑选出来的区域就是选区。

2)钢笔工具

钢笔工具是矢量绘图工具,可以勾画平滑的曲线,无论是缩放还是变形都能保持平滑效果。

3)路径

钢笔工具画出来的图形通常叫作路径,路径可以是开放的,也可以是封闭的。

4)蒙版

蒙版是将不同灰度色值转化为不同的透明度,并作用到它所在的图层,使图层不同部位透明度产生相应的变化。黑色为完全透明,白色为完全不透明。

3.2 示范项目:开始抠图练习

课前思考:

为什么要抠图?

怎样进行高品质抠图?

高品质抠图有哪几种方法?

3.2.1 问题陈述

如何使用选区工具对下列图片进行抠取(图 3-1 至图 3-4)?

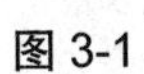
图 3-1

图 3-2

图 3-3

图 3-4

3.2.2　准备工作

计划：

任务　观察图片特征，思考使用什么工具进行抠图

实施：

任务　观察图片特征，思考使用什么工具进行抠图

任务说明	解决思路	结果
观察图片特征	分析 4 张图（图 3-1 至图 3-4）的特征，尝试各种不同的方法进行抠图，最终找到合适的方法	（1）图 3-1、图 3-2 直接使用选区工具抠图； （2）图 3-3 使用钢笔工具抠图； （3）图 3-4 使用蒙版抠图

3.2.3　实施解答

计划：

任务 1　选区抠图

任务 2　钢笔工具抠图

任务 3　蒙版抠图

实施：

任务1 选区抠图

任务说明	解决思路	结果
抠取图3-1中的柠檬	使用PS工具栏中的工具进行轮廓选取，光标切换，选择工具移动选区即可	效果图（图3-5） 图3-5

任务说明	解决思路	结果
抠取图3-2中轮廓复杂的菠萝	选择吸取背景色，调整容差值方式进行选取	效果图（图3-6） 图3-6

任务 2　钢笔工具抠图

任务说明	解决思路	结果
抠取图 3-3 中的耳机	使用工具栏中钢笔工具围绕耳机轮廓生成路径，将路径转化为选区	效果图（图 3-7） 图 3-7

任务 3　蒙版抠图

任务说明	解决思路	结果
如果素材中有毛发（图 3-4），用选区工具不能精确选择，用钢笔路径抠图会很烦琐，该怎么抠图	选择蒙版工具为图片添加蒙版，进入蒙版，将素材图片粘贴进蒙版，打开色阶对话框将色阶对比度拉大，反选，退出蒙版，完成抠图	效果图（图 3-8） 图 3-8

3.2.4　再想一想

（1）抠出的图形如何使边缘自然？

（2）如何将抠出的图像融合进背景？

（3）如何修改蒙版中抠出的图像？

（4）合成在一起的不同图像如何融为一体？

3.3 实践项目：抠图练习

3.3.1 问题陈述

对图 3-9 进行抠图。

图 3-9

3.3.2 准备工作

计划：

任务

实施：

任务

任务说明	解决思路	结果

3.3.3　实施解答

计划：

任务 1

任务 2

实施：

任务 1

任务说明	解决思路	结果

任务 2

任务说明	解决思路	结果

3.4　小结

目标完成情况

在本课，已经学到：

√ 如何进行选区抠图；

√ 如何进行钢笔抠图；

√ 如何进行蒙版抠图。

3.4.1 快速选择工具

熟练应用选框工具、套索工具、魔棒工具、快速选择工具选取图像。

熟练掌握羽化选区、取消选区的方法。

3.4.2 钢笔工具

熟练应用钢笔工具、添加锚点工具、删除锚点工具、转化点工具绘制选区。

了解路径的含义,熟练掌握路径转化为选区的方法。

3.4.3 蒙版工具

了解蒙版的含义及基本操作。

掌握快速蒙版的制作和在 Alpha 通道中存储蒙版的方法。

3.5 技术参考

目标

在这一部分,读者将学到:

√ 如何进行选区抠图;

√ 如何进行钢笔抠图;

√ 如何进行通道抠图。

3.5.1 快速选择工具

3.5.1.1 选框工具

1)矩形选框工具

选择“矩形选框”工具 ,或反复按“Shift+M”组合键,其属性栏状态如图 3-10 所示。

图 3-10

2)椭圆选框工具

选择“椭圆选框”工具 ,或反复按“Shift+M”组合键,其属性栏状态如图 3-11 所示。

图 3-11

3)套索工具

选择“套索”工具 ,或反复按“Shift+L”组合键,其属性栏状态如图 3-12 所示。

图 3-12

4)多边形套索工具

选择“多边形套索”工具 ,在图像中单击设置所选区域的起点,接着单击设置选择区域的其他点。将鼠标光标移回到起点,单击鼠标即可封闭选区。“多边形套索”工具绘制选区效果如图 3-13 所示。

图 3-13

5)磁性套索工具

选择“磁性套索”工具 ,或反复按“Shift+L”组合键,其属性栏状态如图 3-14 所示。

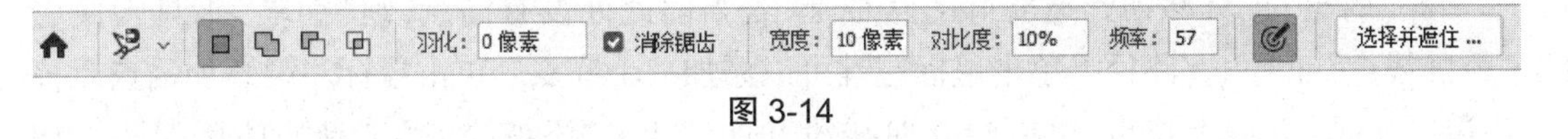

图 3-14

6)魔棒工具

选择“魔棒”工具 ,或按 W 键,其属性栏状态如图 3-15 所示。

图 3-15

3.5.1.2　羽化选区

(1)在图像中绘制选区。

(2)选择“选择”→“修改”→“羽化”命令。

(3)弹出“羽化选区”对话框,设置羽化半径的数值。

(4)单击“确定”按钮,选区被羽化。

(5)按“Shift+Ctrl+I”组合键,将选区反选。

3.5.1.3 取消选区

选择“选择”→“取消选择”命令，或按“Ctrl+D”组合键，可以取消选区。

3.5.1.4 快速选择工具

选择“快速选择”工具，其属性栏状态如图 3-16 所示。

图 3-16

3.5.2 钢笔工具

3.5.2.1 钢笔工具

选择“钢笔”工具，或反复按“Shift+P”组合键，其属性栏状态如图 3-17 所示。

按住“Shift”键创建锚点时，将以 45° 或 45° 的倍数绘制路径。按住“Alt”键，当“钢笔”工具移到锚点上时，暂时将“钢笔”工具转换为“转换点”工具。按住“Ctrl”键，暂时将“钢笔”工具转换为“直接选择”工具。

图 3-17

3.5.2.2 添加锚点工具

将“钢笔”工具移动到建立好的路径上，若当前此处没有锚点，则“钢笔”工具转换成“添加锚点”工具，在路径上单击鼠标左键可以添加一个锚点。单击鼠标左键添加锚点后按住鼠标不放，并向上拖曳，可以建立曲线段和曲线点。“添加锚点”工具的使用如图 3-18 所示。

图 3-18

3.5.2.3 删除锚点工具

将“钢笔”工具放到直线或曲线路径的锚点上，则“钢笔”工具转换成“删除锚点”工具，单击锚点即可将其删除。“删除锚点”工具的使用如图 3-19 所示。

图 3-19

3.5.2.4　转换点工具

使用“钢笔”工具在图像中绘制三角形路径，当要闭合路径时，鼠标光标变为图标，单击鼠标即可闭合路径，完成三角形路径的绘制。

选择“转换点”工具，将鼠标放置在三角形左上角的锚点上，单击锚点并将其向右上方拖曳形成曲线点，使用相同的方法将三角形其他的锚点转换为曲线点。“转换点”工具的使用如图 3-20 所示。

图 3-20

3.5.2.5　路径转化为选区

1）将选区转换为路径

在图像上绘制选区，单击“路径”控制面板右上方的图标，在弹出的菜单中选择“建立工作路径”命令，弹出“建立工作路径”对话框，“容差”选项设置转换时的误差允许范围，数值越小越精确，路径上的关键点也越多。

2）将路径转换为选区

在图像中创建路径，单击“路径”控制面板右上方的图标，在弹出的菜单中选择“建立选区”命令，弹出“建立选区”对话框（图 3-21），设置完成后，单击“确定”按钮，将路径转换为选区。

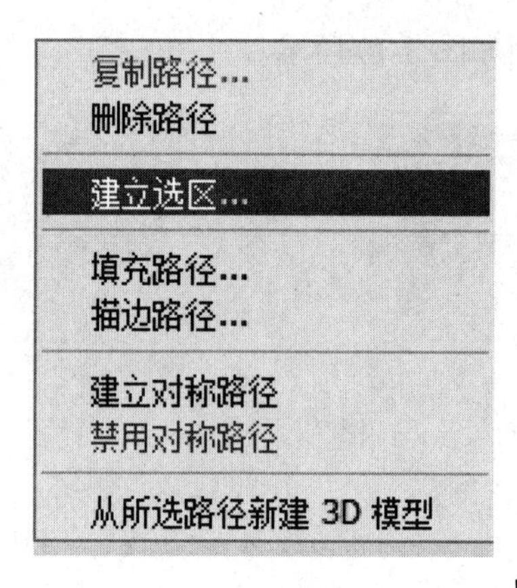

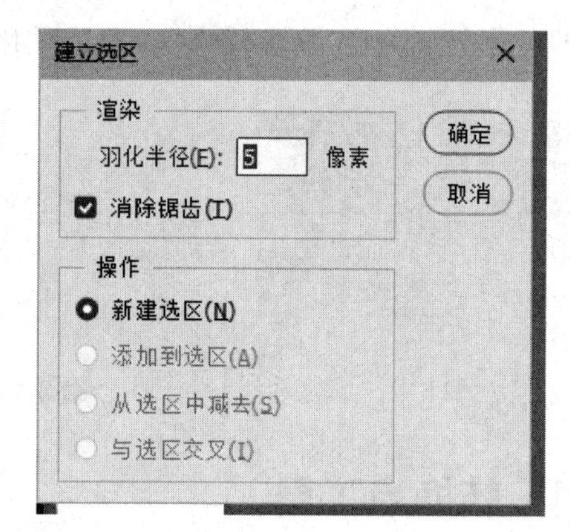

图 3-21

3.5.3 通道工具

3.5.3.1 通道控制面板

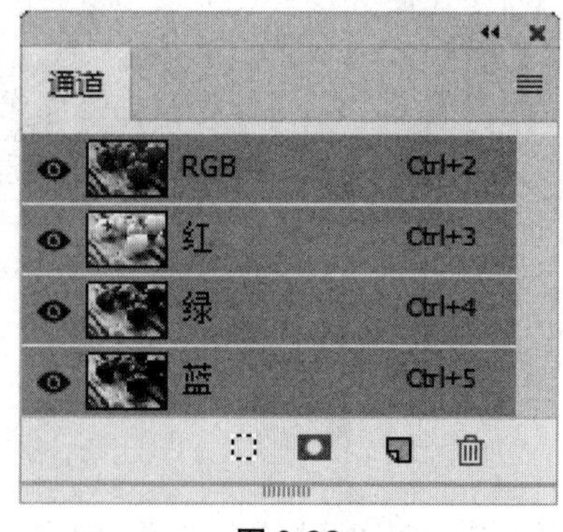

图 3-22

通道控制面板可以管理所有的通道,并对通道进行编辑(图 3-22)。

选择“窗口”→“通道”命令,弹出“通道”控制面板。在控制面板中,放置区用于存放当前图像中存在的所有通道。如果选中的只是其中一个通道,则只有这个通道处于选中状态,通道上将出现一个灰色条。如果想选中多个通道,可以按住 Shift 键,再单击其他通道即可。通道左侧的眼睛图标用于显示或隐藏颜色通道。

3.5.3.2 创建新通道

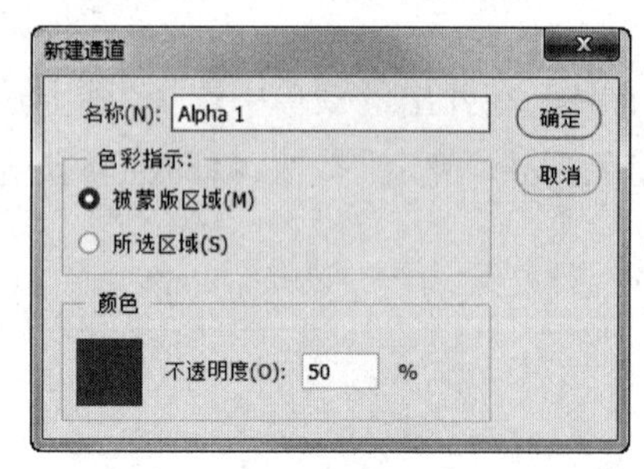

图 3-23

单击“通道”控制面板右上方的图标,弹出其面板菜单,选择“新建通道”命令,弹出“新建通道”对话框(图 3-23)。

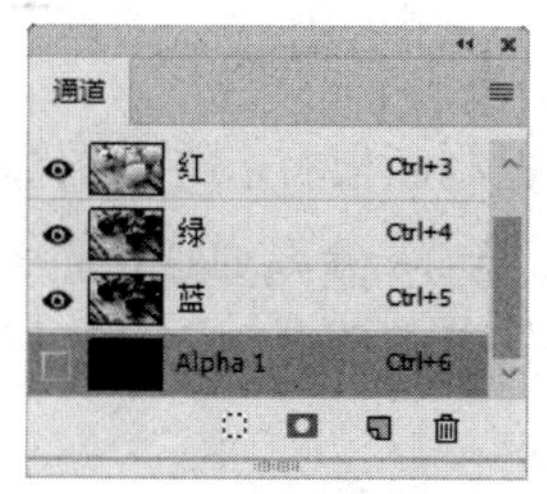

图 3-24

单击“确定”按钮，“通道”控制面板中将创建一个新通道，即 Alpha 1(图 3-24)。

3.5.3.3 复制通道

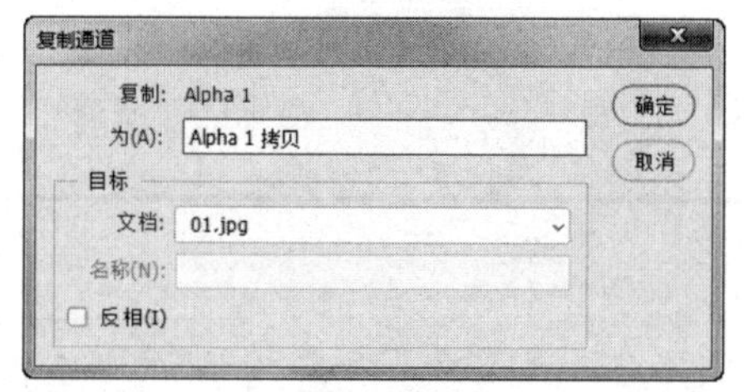

图 3-25

单击“通道”控制面板右上方的图标，弹出其面板菜单，选择“复制通道”命令，弹出“复制通道”对话框(图 3-25)。

3.5.3.4 删除通道

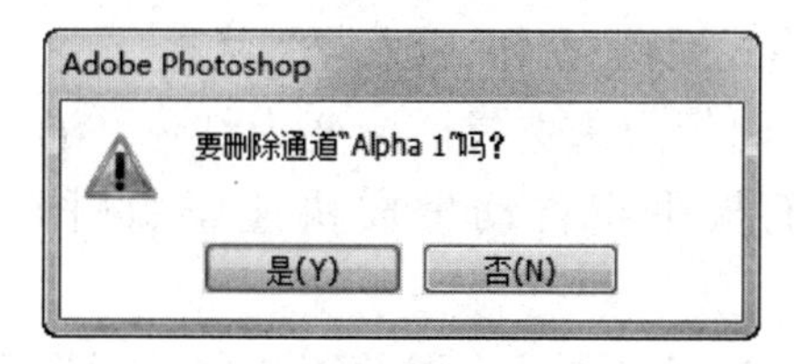

图 3-26

单击“通道”控制面板右上方的图标，弹出其面板菜单，选择“删除通道”命令，即可将通道删除(图 3-26)。

3.5.3.5 专色通道

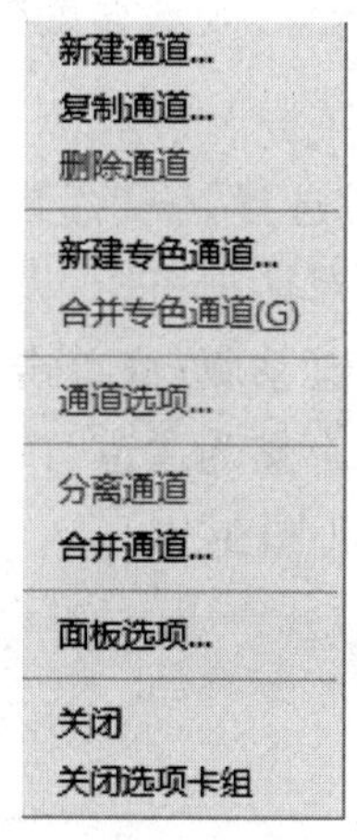

图 3-27

单击“通道”控制面板右上方的图标，弹出其下拉命令菜单(图 3-27)，选择“新建专色通道”命令，弹出“新建专色通道”对话框(图 3-28)。

3.5.3.6 分离与合并通道

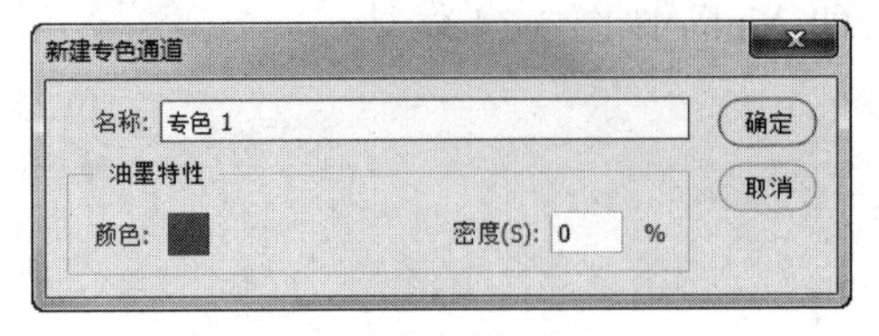

图 3-28

单击“通道”控制面板右上方的图标,弹出其下拉命令菜单,选择“分离通道”命令,将图像中的每个通道分离成各自独立的 8 bit 灰度图像。

单击“通道”控制面板右上方的图标,弹出其下拉命令菜单,选择“合并通道”命令,弹出“合并通道”对话框,设置完成后单击“确定”按钮。

3.5.4 通道蒙版

3.5.4.1 快速蒙版的制作

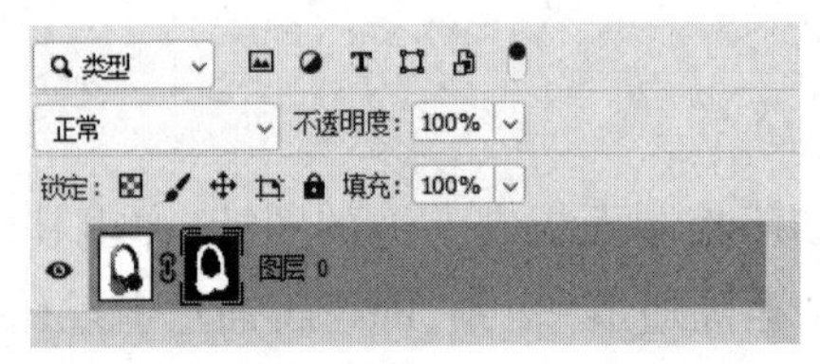

图 3-29

打开一幅图像,选择“快速选择”工具 ,在图像窗口中绘制选区。单击工具箱下方的“以快速蒙版模式编辑”按钮,进入蒙版状态,选区暂时消失,图像的未选择区域变为红色,“通道”控制面板中将自动生成快速蒙版(图 3-29)。

选择“画笔”工具 ,在画笔工具属性栏中进行设定,将快速蒙版中需要的区域绘制为黑色。

3.5.4.2 在 Alpha 通道中存储蒙版

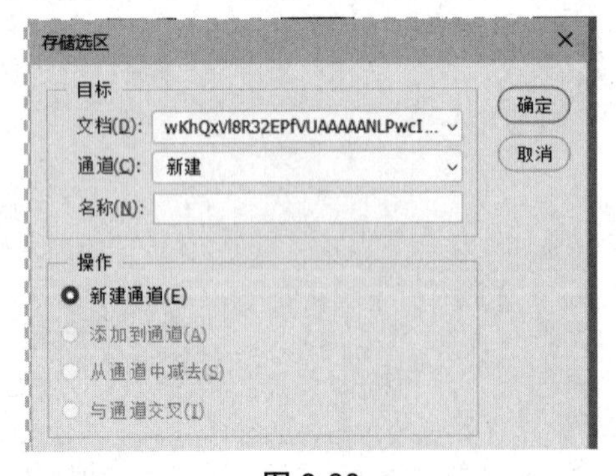

图 3-30

在图像中绘制选区,选择“选择”→“存储选区”命令,弹出“存储选区”对话框,进行设定,单击“确定”按钮,建立通道蒙版;或单击“通道”控制面板中的“将选区存储为通道”按钮 ,建立通道蒙版,将图像保存(图 3-30)。

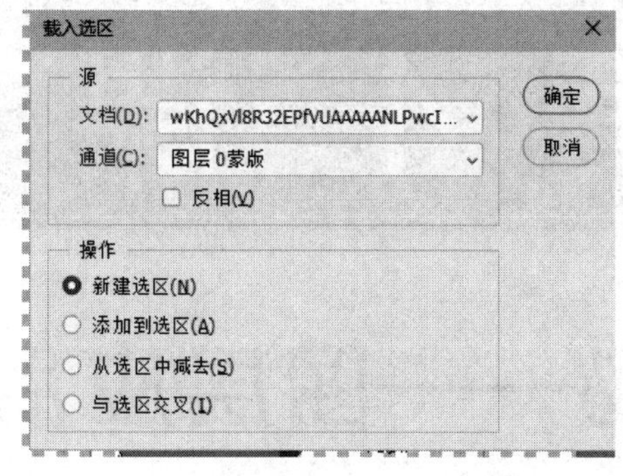

图 3-31

再次打开图像时,选择“选择”→“载入选区”命令,弹出“载入选区”对话框,进行设定,单击“确定”按钮,将通道的选区载入;或单击“通道”控制面板中的“将通道作为选区载入”按钮,将通道作为选区载入(图 3-31)。

第 4 课

合成的奥秘——图层应用

目标

在本课,读者将学到:

√ 图层的基本概念;

√ 图层的混合模式;

√ 图层的样式;

√ 图层的蒙版。

4.1　开始

1)图层

图层就像是含有文字或图形等元素的胶片,一张张按顺序叠放在一起,组合起来形成页面的最终效果。图层可以将页面上的元素精确定位。图层中可以加入各种 PS 的基本元素。

2)图层混合模式

图层混合模式是指两个以上的图层上面的颜色按照一定的算法进行混合处理后呈现出来的效果,共分为 6 组、27 种,例如正常模式、溶解模式、背后模式等。

3)图层样式

图层样式用于存储各种图层特效,并将其快速地套用在要编辑的对象上。图层样式只作用于当前的一个图层上。

4.2　示范项目:使用图层制作公益海报

课前思考:

平时见到的海报是用哪些软件设计的?

4.2.1　问题陈述

现有一张海报(图 4-1,附录 2　彩图附-14),观看并思考它是用 PS 软件的哪些工具绘制的?

图 4-1

4.2.2 准备工作

计划:

任务　分析图画特征,思考制作方法与流程

实施:

任务　分析图画特征,思考制作方法与流程

任务说明	解决思路	结果
分析图画特征,选择合适工具,并思考制作方法与流程	(1)树叶的形态如何抠出(图 4-2); 图 4-2 (2)叶子与背景图片的叠放顺序是怎样的; (3)叶子与背景图片之间的关系呈现的效果是怎样的; (4)树叶上的建筑物是如何得到的,进行了哪些特殊处理	(1)利用上节课所学的选择工具进行抠图; (2)将抠下来的叶子图片放在背景图片之上; (3)树叶与背景之间有一定的投影关系; (4)建筑物巧妙地融合到树叶上,有一定的透叠关系,这需要进行图层混合模式的设置

4.2.3 实施解答

计划:

任务 1　抠图

任务 2　建立合成文件

任务 3　树叶的融合

任务 4　建筑物与树叶的融合

任务 5　添加文字完成作品

实施：

任务 1　抠图

任务说明	解决思路	结果
使用选择工具抠图	使用选择工具，对素材图片中的树叶进行抠图及删除操作	完成树叶的抠图（图 4-3）  图 4-3

任务 2　建立合成文件

任务说明	解决思路	结果
为海报建立一个 PS 源文件，并把需要的主要素材添加到文件中	新建一个 Photoshop 文件，宽度 × 高度为 210 px × 297 px，分辨率为 300 px，文件命名为“树叶海报.psd”，将素材树叶和背景图片拖曳进来，并调整位置	文件建立成功，文件命名正确（图 4-4） 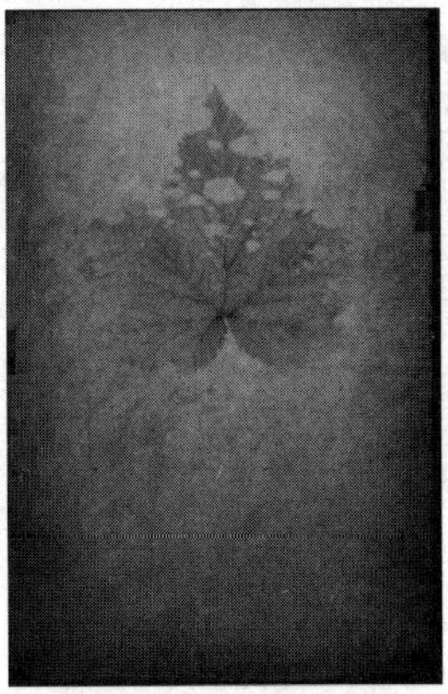 图 4-4

任务 3 树叶的融合

任务说明	解决思路	结果
调整图层样式，得到需要的混合效果	选择树叶图层，双击图层，打开图层样式，选择合适的效果（图 4-5） 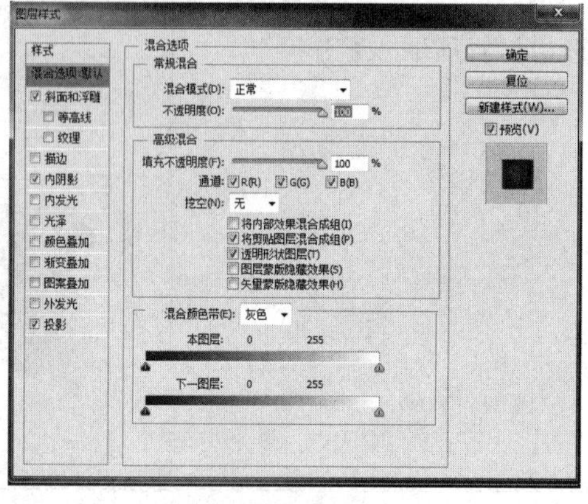 图 4-5	对素材与背景之间的效果进行统一（图 4-6）  图 4-6

任务 4 建筑物与树叶的融合

任务说明	解决思路	结果
把建筑物下部的形状裁切成树叶边缘的形状，叠放后产生建筑物置于树叶中的感觉，并调整建筑物的颜色与树叶产生融合透叠的效果	（1）打开建筑剪影图像，放到树叶之上的合适位置，选择树叶图层→载入选取（按“Ctrl”键，同时点击树叶图层）→选择剪影建筑→反选→删除； （2）选择剪影图层混合模式→柔光（图 4-7）； （3）调整图像的色彩，并以建筑图层为被作用图层建立图层蒙版（图 4-8） 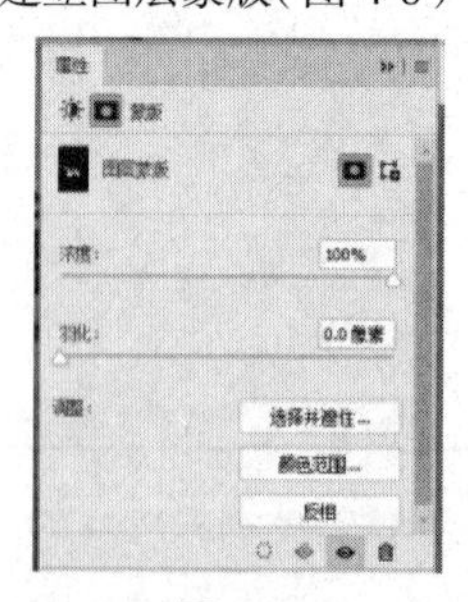 图 4-7 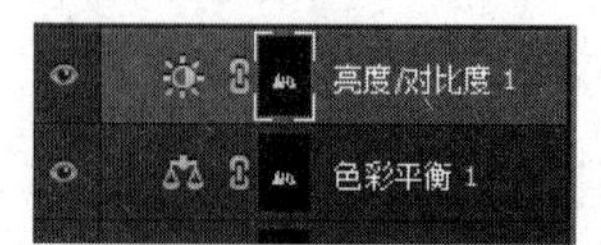 图 4-8	（1）得出建筑剪影（图 4-9）与树叶轮廓（图 4-10）的图像；  图 4-9  **图 4-10** （2）得出合适的建筑剪影（图 4-11） 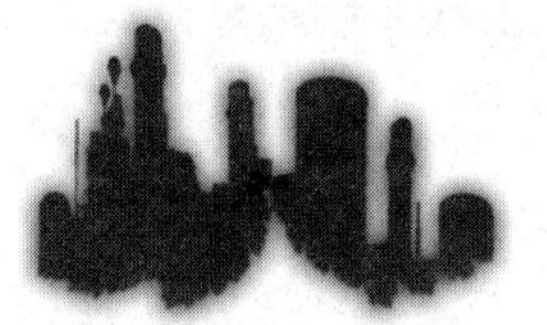 图 4-11

任务 5　添加文字完成作品

任务说明	解决思路	结果
根据效果图为海报添加文字元素,调整位置,排好版式,完成海报的制作	调整图层顺序,添加文字,制作完成	效果图(图 4-12),见附录 2　彩图附-14  图 4-12

4.2.4　再想一想

(1)图层的效果是否可以复制?

(2)如何修改图层效果?

(3)多个图层如何管理?

4.3　实践项目:制作人与植物海报

4.3.1　问题陈述

4.3.2　准备工作

4.3.3　实施解答

4.3.1 问题陈述

根据所学知识制作人与植物海报(图 4-13),见附录 2 彩图附-15。

图 4-13

4.3.2 准备工作

计划:

任务 1

任务 2

实施:

任务 1

任务说明	解决思路	结果

任务 2

任务说明	解决思路	结果

4.3.3　实施解答

计划：

任务 1

任务 2

任务 3

实施：

任务 1

任务说明	解决思路	结果

任务 2

任务说明	解决思路	结果

任务 3

任务说明	解决思路	结果

4.4 小结

目标完成情况

在本课,已经学到:

√ 图层的基本概念;

√ 图层的混合模式;

√ 图层的样式;

√ 图层的蒙版。

4.4.1 图层基本概念

理解图层的基本含义,掌握图层的建立、复制、删除、组织等基本操作,并灵活地调整图层的层次位置。

4.4.2 图层混合模式

图层混合模式主要功能是可以用不同的方法将当前图层颜色与底层图层颜色混合。当用户将一种混合模式应用于某一对象图层时,在此对象图层下方的任何图层上都可看到混合模式的效果。

理解常用图层混合模式的显色原理,并能够恰当地应用。

4.4.3 图层样式

图层样式是 PS 为某一个图层上的元素添加的一些特定的显色效果。熟悉这些样式的效果,并能够加以应用。

4.4.4　图层蒙版

图层蒙版相当于在当前图层上面覆盖一层玻璃片，这种玻璃片有透明的、半透明的、完全不透明的，用各种绘图工具在蒙版（即玻璃片）上涂色（只能涂黑、白、灰色）。涂黑色的地方蒙版变为完全透明的，看不见当前图层上的图像；涂白色则使涂色部分变为不透明的，可看到当前图层上的图像；涂灰色使蒙版变为半透明的，透明的程度由涂色的灰度深浅决定。

4.5　技术参考

目标

在这一部分，读者将学到：

√　图层的基本概念；

√　图层的混合模式；

√　图层的样式；

√　图层的蒙版。

4.5.1　图层的基本概念

4.5.1.1　新建图层

图 4-14

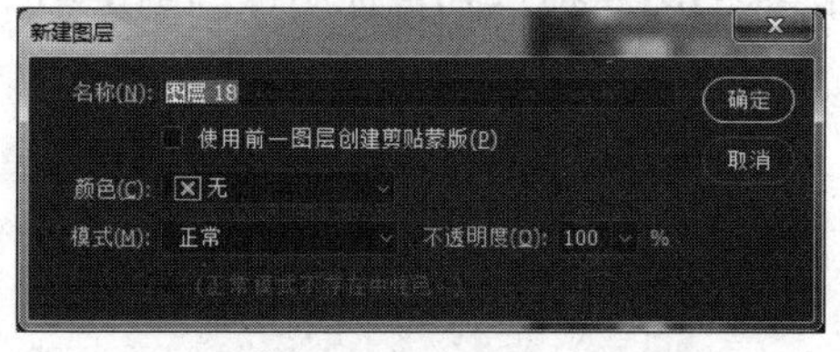

图 4-15

（1）方法一：使用“图层”控制面板弹出式菜单。如图 4-14 所示，单击“图层”控制面板右上方的图标，在弹出的菜单中选择“新建图层”命令，系统将弹出“新建图层”对话框，如图 4-15 所示。

图 4-16

（2）方法二：使用“图层”控制面板按钮。单击“图层”控制面板中的“创建新图层”按钮（图 4-16），可以创建一个新图层。如果按住“Alt”键，单击“图层”控制面板中的“创建新图层”按钮，系统将弹出“新建图层”对话框。

（3）方法三：使用菜单“图层”命令或快捷键。选择“图层”→“新建”→“图层”命令，系统将弹出“新建图层”对话框。新建图层的快捷键是 Shift+Ctrl+N 组合键，系统将弹出“新建图层”对话框。

4.5.1.2　复制图层

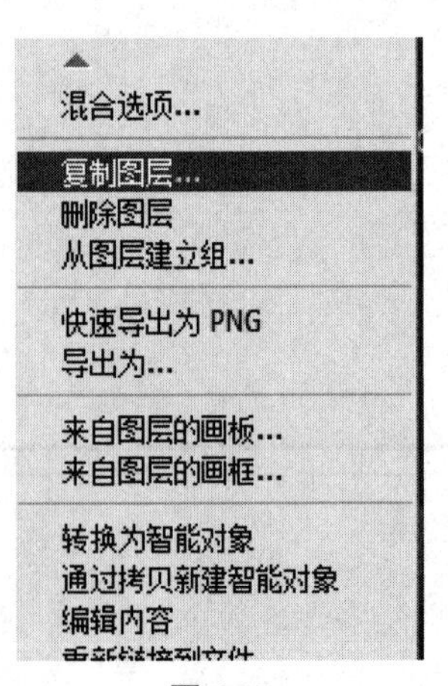

图 4-17

图 4-18

（1）方法一：使用“图层”控制面板弹出式菜单。单击“图层”控制面板右上方的图标，在弹出的菜单中选择“复制图层”命令（图 4-17），系统将弹出“复制图层”对话框。“为”选项用于设定复制图层的名称；“文档”选项用于设定复制图层的文件来源。

（2）方法二：使用“图层”控制面板按钮。将“图层”控制面板中需要复制的图层拖曳到下方的“创建新图层”按钮 上（图 4-18），可以将所选的图层复制为一个新图层。

（3）方法三：使用“图层”菜单命令。选择“图层”→“复制图层”命令，系统将弹出“复制图层”对话框。

另外，还可以进行不同图像文件之间的图层复制，方法如下：使用鼠标拖曳的方法复制不同图像文件之间的图层。打开目标图像文件和需要复制的图像文件，将需要复制图像的图层拖曳到目标图像的图层中，图层复制完成。

4.5.1.3　删除图层

（1）方法一：使用“图层”控制面板弹出式菜单。单击“图层”控制面板右上方的图标，在弹出的菜单中选择“删除图层”命令（图 4-19），系统将弹出提示对话框，单击“是”按钮，删除图层。

图 4-19

（2）方法二：使用“图层”控制面板按钮。单击“图层”控制面板中的“删除图层”按钮，系统将弹出提示对话框，单击“是”按钮，删除图层；或将需要删除的图层拖曳到“删除图层”按钮 上，也可以删除该图层。

（3）方法三：使用“图层”菜单命令。选择“图层”→“删除”→“图层”命令，系统将弹出提示对话框，单击“是”按钮，删除图层；选择“图层”→“删除”→“隐藏图层”命令，系统将弹出提示对话框，单击“是”按钮，删除隐藏的图层。

4.5.2　图层的混合模式

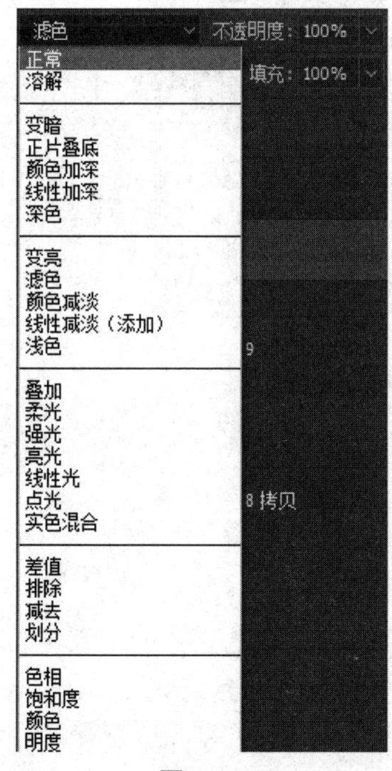

图 4-20

图层混合模式中的各种样式设置，决定了当前图层中的图像与其下面图层中的图像以何种模式进行混合。

在“图层”控制面板中，“设置图层的混合模式”选项用于设定图层的混合模式，它包含有 27 种模式（图 4-20）。

4.5.3 图层样式

4.5.3.1 样式控制面板

“样式”控制面板用于存储各种图层特效,并将其快速地套用在要编辑的对象中。

选择要添加样式的图形,选择“窗口”→“样式”命令,弹出“样式”控制面板,单击控制面板右上方的图标,在弹出的菜单中选择“按钮”命令,弹出提示对话框,单击“追加”按钮,样式被载入控制面板中。

4.5.3.2 图层样式

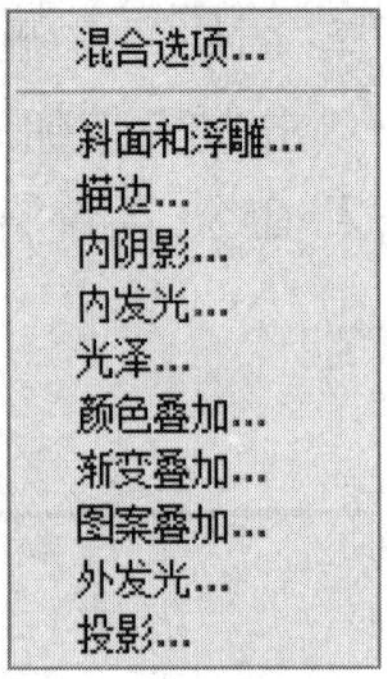

混合选项…

斜面和浮雕…
描边…
内阴影…
内发光…
光泽…
颜色叠加…
渐变叠加…
图案叠加…
外发光…
投影…

图 4-21

单击“图层”控制面板右上方的图标,在弹出的命令菜单中选择“混合选项”命令(图 4-21),弹出“图层样式”对话框(图 4-22),此对话框用于对当前图层进行特殊效果的处理。单击对话框左侧的任意选项,将弹出相应的效果对话框。还可以单击“图层”控制面板下方的“添加图层样式”按钮 ,弹出其菜单命令。

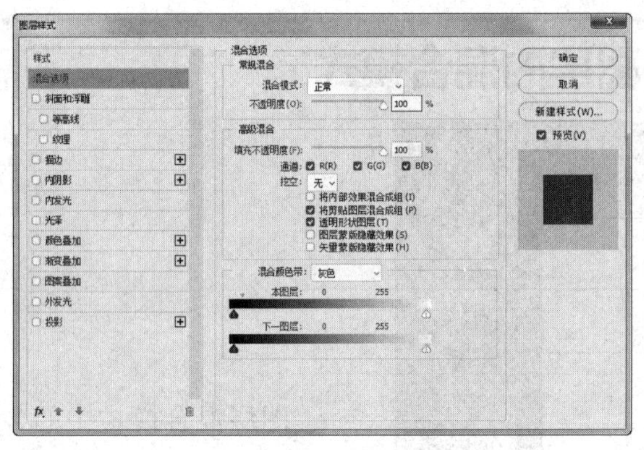

图 4-22

4.5.3.3　应用填充和调整图层

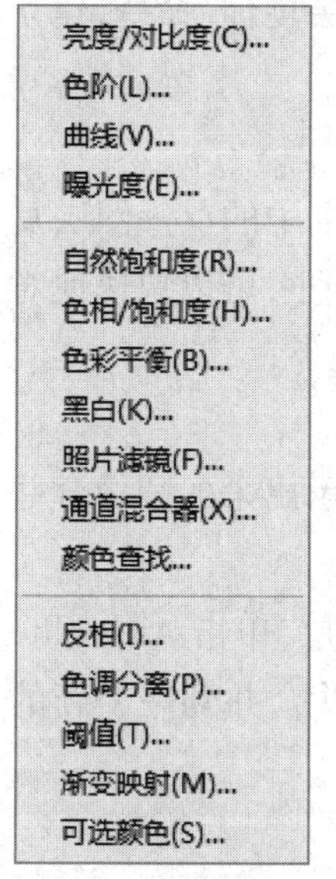

图 4-23

当需要新建填充图层时，选择“图层”→“新建填充图层”命令，弹出填充图层的 3 种方式（图 4-23）。选择其中的一种方式，弹出“新建图层”对话框（图 4-24），单击“确定”按钮，将根据选择的填充方式弹出不同的填充对话框。

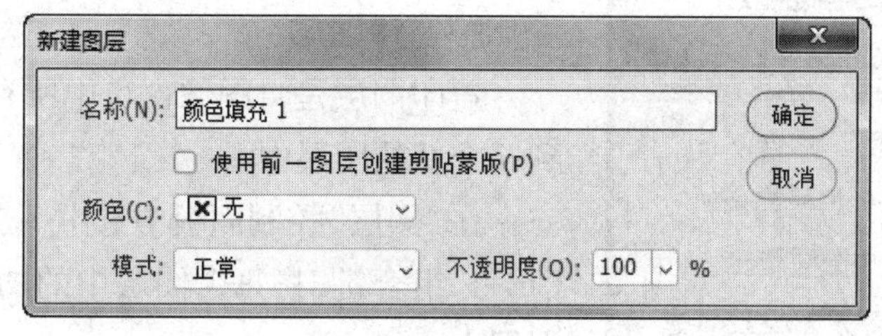

图 4-24

当需要对一个或多个图层进行色彩调整时，选择“图层”→“新建调整图层”命令，或单击“图层”控制面板下方的“创建新的填充或调整图层”按钮，弹出调整图层的多种方式，选择其中的一种方式，弹出“新建图层”对话框，选择不同的调整方式，将弹出不同的调整对话框。

4.5.3.4　图层复合、盖印图层与智能对象图层

1）图层复合与图层复合控制面板

“图层复合”控制面板可将同一文件中的不同图层效果组合并另存为多个“图层效果组合”，这样可以更加方便快捷地展示和比较不同图层组合设计的视觉效果（图 4-25）。

图 4-25

2）创建图层复合

单击“图层复合”控制面板右上方的图标，在弹出的菜单中选择“新建图层复合”命令，建立“图层复合 1”（图 4-26）。

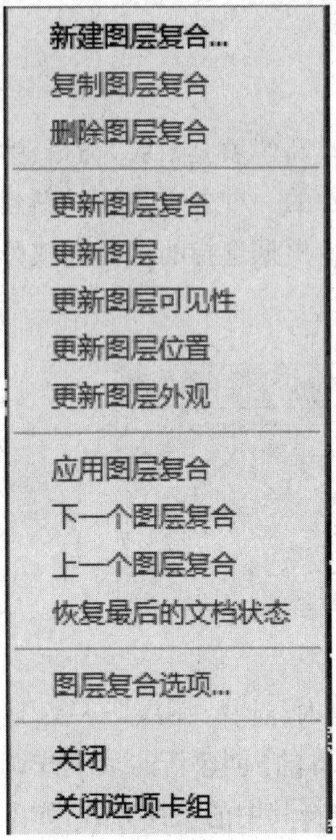

新建图层复合...
复制图层复合
删除图层复合
更新图层复合
更新图层
更新图层可见性
更新图层位置
更新图层外观
应用图层复合
下一个图层复合
上一个图层复合
恢复最后的文档状态
图层复合选项...
关闭
关闭选项卡组

图 4-26

3)应用和查看图层复合

对图像进行修饰和编辑,选择“新建图层复合”命令,建立“图层复合 2”。

4)导出图层复合

在“图层复合”控制面板中单击“应用选中的上一图层复合”按钮 和“应用选中的下一图层复合”按钮 ,可以快速地对两次的图像编辑效果进行比较。

5)盖印图层

盖印图层是将图像窗口中所有当前显示出来的图像合并到一个新的图层中。

在“图层”控制面板中选中一个可见图层,单击 Alt+Shift+Ctrl+E 组合键,将每个图层中的图像复制并合并到一个新的图层中。

6)智能对象

智能对象全称为智能对象图层。智能对象可以将一个或多个图层,甚至是一个矢量图形文件包含在 Photoshop 文件中。以智能对象形式嵌入 Photoshop 文件中的位图或矢量文件,与当前的 Photoshop 文件能够保持相对的独立性。当对 Photoshop 文件进行修改或对智能对象进行变形、旋转时,不会影响嵌入的位图或矢量文件。其基本操作有:

(1)创建智能对象;

(2)编辑智能对象。

4.5.4　图层蒙版

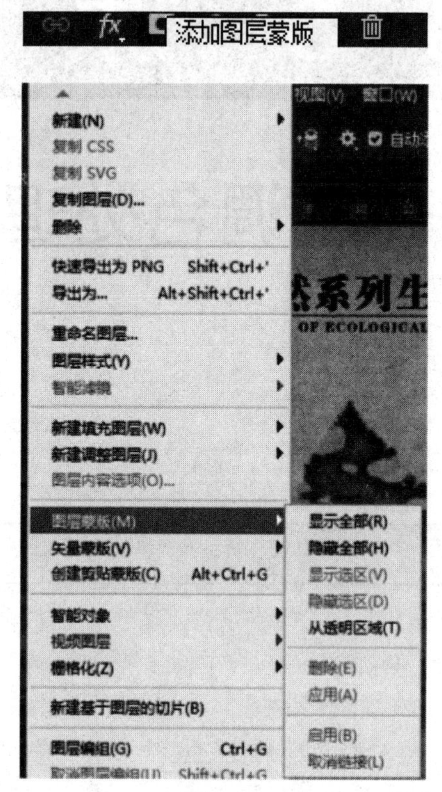

图 4-27

1）蒙版

蒙版是一种特殊的选区，但它的目的并不是对选区进行操作，而是要保护选区不被操作，同时不处于蒙版范围的地方则可以进行编辑与处理。首先 PS 中的图层蒙版中只能用黑白色及其中间的过渡色（灰色）。在蒙版中的黑色就是蒙住当前图层的内容，显示当前图层下面的图层的内容；蒙版中的白色则是显示当前图层的内容；蒙版中的灰色则是半透明状，前图层下面的图层的内容则若隐若现

2）快速进入蒙版

图层面板最下面有一排小按钮，其中第三个，即长方形里边有个圆形的图案，它就是添加图层蒙版按钮，鼠标单击该按钮就可以为当前图层添加图层蒙版（图 4-27）。

3）建立图层蒙版

执行“图层”→“图层蒙版”→“显示全部或者隐藏全部”，也可以为当前图层添加图层蒙版。隐藏全部对应的是为图层添加黑色蒙版，效果为图层完全透明，显示下面图层的内容。显示全部就是完全不透明。

4）删除图层蒙版

选中添加的蒙版，并直接拖曳到右下方的工具垃圾桶中，在弹出的对话框中选择取消应用，则添加的蒙版被删除。

第 5 课

色彩的诱惑——调色处理

目标

在本课,读者将学到:

√ 数字图像的调色原理;

√ 调色工具的使用方法。

5.1　开始

1）色彩的属性

色彩的属性有色相、明度、饱和度。

2）色彩模式

色彩模式有 HSB 模式、CMYK 模式、RGB 模式。

3）色阶

色阶是表示图像亮度强弱的指数标准，指的是灰度分辨率（又称为灰度级分辨率或者幅度分辨率）。图像的色彩丰满度和精细度是由色阶决定的。色阶指亮度，与颜色无关，但最亮的只有白色，最不亮的只有黑色。

4）色相/饱和度

色相是指色彩呈现出来的基本质地。色彩的饱和度是指色彩的鲜艳程度，也称作纯度。

5）色彩平衡

色彩平衡是图像处理（Photoshop）软件中一个重要操作。通过对图像的色彩平衡处理，可以校正图像色偏、过饱和或饱和度不足的情况，也可以根据自己的喜好和制作需要，调制需要的色彩，更好地完成画面效果。

6）可选颜色

选定要修改的颜色（共有 9 个颜色可选择），然后通过增减 C（青）、M（洋红）、Y（黄）、K（黑）四色油墨改变选定的颜色，此命令只改变选定的颜色，并不会改变其他未选定的颜色。

5.2　示范项目一：莫兰迪色调调色

课前思考：

色彩的属性有哪些？

什么是莫兰迪色？

5.2.1　问题陈述	**5.2.3**　实施解答
5.2.2　准备工作	**5.2.4**　再想一想

5.2.1　问题陈述

通过优秀网站找一些摄影图片，可以是风景片、人物片，但是这些图片本身的颜色或许达不到理想要求,怎样能够将这些照片调色为理想的画面呢?

莫兰迪色是一种时尚感很强的用色风格,怎样将照片调成莫兰迪色呢?

5.2.2 准备工作

计划:

任务 1 认识色彩

任务 2 认识莫兰迪色

任务 3 挑选适合的图片

实施:

任务 1 认识色彩

任务说明	解决思路	结果
训练对色彩的敏感性,能够更好地区分出不同色彩的色相、明度和饱和度的差别	(1)了解色彩的属性; (2)裸眼识色(见附录 2 彩图附-16); 请根据自己对颜色的判断确定以上色块的 HSB 值	(1)理解色彩的三个属性,即色相、饱和度、明度; (2)通过反复训练,能够比较准确地判断色块的 HSB

任务 2 认识莫兰迪色

任务说明	解决思路	结果
了解什么是莫兰迪色,莫兰迪色在色彩属性上有什么特征	(1)观看莫兰迪色风格的图片; (2)查阅相关介绍; (3)总结特性	莫兰迪色是低饱和度的色调;降低颜色的纯度,让画面偏灰;很少有大光比;大量使用中性互补色和近似色;散发出宁静与神秘的气息

任务 3 挑选适合的图片

任务说明	解决思路	结果
根据主题、画面元素等基本情况判断是否适合使用莫兰迪色进行调色	考虑一下,哪些图片适合使用莫兰迪色,哪些不适合	选出适合使用莫兰迪色的图片(见附录 2 彩图附-17)

5.2.3　实施解答

计划：

任务 1　图像色彩分析

任务 2　选用合适的图像调整工具

任务 3　按照莫兰迪色的特性调色

实施：

任务 1　图像色彩分析

任务说明	解决思路	结果
从色彩的三属性上分析画面的色彩，明确调色的方向，以便之后选择恰当的工具进行调色，这是后期进行调色时参数调整的依据	（1）分析图片上的色彩信息，都有哪些颜色，哪些颜色比较丰富； （2）使用吸管工具吸取颜色，看看它们的色相、明度、饱和度有什么样的规律性； （3）对比莫兰迪色，需要做怎样的调整	分析出图像色彩信息（图 5-1 至图 5-3），见附录 2　彩图附-18 图 5-1　图 5-2　图 5-3 这张照片中，相对颜色比较丰富，基本上各种颜色都有，其主色系有蓝色、浅蓝色、橙色、黄色、绿色，要做的就是削减这些主要颜色的饱和度，降低某个颜色的饱和度，其实就是向这个颜色中增加灰色，所有低饱和的颜色，都是有灰度的

任务 2　选用合适的工具

任务说明	解决思路	结果
选用合适的图像调整工具	（1）选择可以调整饱和度的工具调整饱和度； （2）选择某个特定颜色，在其中添加其他颜色，这样可以做到色彩的融合，得到纯度不高的颜色	（1）色相/饱和度调整，图像→调整→色相/饱和度，或者在图层下方调整图层添加色相/饱和度； （2）可选颜色调整，图像→调整→可选颜色，或者在图层下方调整图层添加可选颜色

任务 3　按照莫兰迪色的特性调色

任务说明	解决思路	结果
根据以上任务的分析,把现在的图片调整为莫兰迪色	(1)根据之前的图像色彩分析,把认为需要降低饱和度的颜色全部调整为低饱和度,把认为不需要出现的颜色的饱和度降至最低,变成灰色,这样照片中就肯定不会出现特别抢眼的颜色; (2)看一下效果图,这就是经过上述调整完成后的效果; (3)虽然莫兰迪色就是低饱和度色,但是把各种颜色的饱和度降低到什么程度,这就取决于审美高度和对软件的熟练程度了; (4)莫兰迪色的特性是色彩比较中性,也就是偏灰,但是这些画面中的色彩也在相互制约、相互抵消	正确调色为莫兰迪色,并上传到线上作业中(见附录 2　彩图附-19)

5.2.4　再想一想

(1)画面色彩纯度高的画面和纯度低的画面你更喜欢哪一种?为什么?

(2)如何通过色彩调整得到自己想要的图像?

(3)图像色彩的合色方法有哪些?

5.3　示范项目二:复古色调调色

课前思考:

什么是复古色调?

什么是曝光不足与曝光过度?

5.3.1　问题陈述

现在需要一张复古题材的图片来烘托气氛,需要对现有的图 5-4(附录 2　彩图附-20)进行调整。

图 5-4

5.3.2　准备工作

计划：

任务 1　认识复古色调

任务 2　分析现有图片的瑕疵

实施：

任务 1　认识复古色调

任务说明	解决思路	结果
了解复古色调，从色彩属性的角度去理解	（1）观看复古风格的图片； （2）查阅相关介绍； （3）总结特性	这里说的复古风格，是指古典主义油画所表现出来的一种色彩风格，反映出一种理想化的自然，所以在调色的过程当中一定要跟自然的颜色相同，同时作品充分体现了安宁、协调、和谐

任务 2 分析现有图片的瑕疵

任务说明	解决思路	结果
分析现有图片的瑕疵	观察图片并分析	(1)清晰度良好； (2)曝光不足； (3)主题性贴合

5.3.3 实施解答

计划：

任务 1 图形色彩分析

任务 2 选用合适的图像调整工具

任务 3 按照复古色调的特性调色

实施：

任务 1 图像色彩分析

任务说明	解决思路	结果
从色彩的三属性分析画面的色彩，明确调色的方向，以便之后选择恰当的工具进行调色，这是后期进行调色时参数调整的依据	分析图像色彩关系，并与复古风格做对比	(1)从原图中可以看出，照片中的色彩比较昏暗，对比较弱； (2)整体缺少复古的质感

任务 2 选用合适的图像调整工具

任务说明	解决思路	结果
通过思考和尝试，选择能够达到调色目的的调色工具	(1)选择可以调整亮度的工具调整亮度和对比度； (2)选择调整饱和度的工具提高饱和度	(1)曲线工具调节亮度； (2)饱和度工具调节饱和度

任务 3　按照复古色调的特性调色

任务说明	解决思路	结果
复古色调的调色	（1）启动 Photoshop； （2）打开素材图片； （3）在原图的基础上调曲线，提亮对比度以及增加明度，让图片达到整体提亮灰调的质感； （4）在“饱和度”项下，将绿、黄、蓝三色及相关的饱和度提高，使图中的这几种颜色鲜艳度降低，营造复古的感觉；同时调整图中衣服颜色和人物的肤色，对红色和橙色进行微调；想要调整肤色，就把橙色（肤色）饱和度调低，就能从黑黄皮变为冷白皮；最后紫色和洋红的调整虽对整体影响不大，但通过对比可以看出，调整后画面整体不再偏红，进一步偏向所追求的“偏灰”的感觉； （5）对颜色的“明亮度”进行调整，首先为了让人物更加白皙，可以将橙色的“明度”调高；其次由于图片中主色调以绿色、红色和蓝色为主，前面降曝光和减饱和度让画面整体色调变暗，为了调亮整体画面、降低对比，并让风格更复古，分别调亮了黄色、绿色、蓝色的“明亮度”，见附录 2　彩图附-21	调色过程及效果图（图 5-5 至图 5-7）  图 5-5 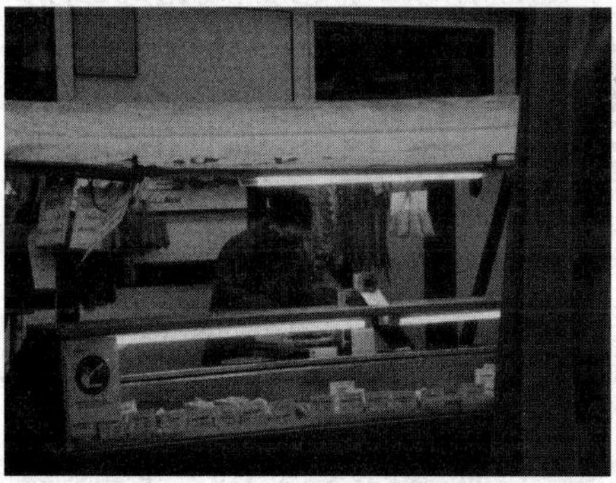 图 5-6  图 5-7

5.3.4　再想一想

（1）如何查看当前的图像色彩模式？

（2）如何通过色彩调整达到自己想要的图像？

（3）图像色彩的融合方法有哪些？

5.4 实践项目一：小清新色调调色

课前思考：

什么是小清新色调？

如何表达小清新的图像色彩？

5.4.1 问题陈述

在选出的图片中挑选合适的图像文件，合成为一幅小清新色调的画面。

5.4.2 准备工作

计划：

任务 认识小清新色调

实施：

任务 认识小清新色调

任务说明	解决思路	结果
认识小清新色调	（1）观看小清新色调风格的图片； （2）查阅相关介绍； （3）总结特性	

5.4.3 实施解答

计划：

任务 1 图形色彩分析

任务 2 选用合适的图像调整工具

任务 3 按照小清新色调的特性调色

实施：

任务 1　图像色彩分析

任务说明	解决思路	结果
从色彩的三属性分析画面的色彩，明确调色的方向，以便之后选择恰当的工具进行调色，这是后期进行调色时参数调整的依据		

任务 2　选择合适的图像调整工具

任务说明	解决思路	结果
选择合适的图像调整工具		

任务 3　按照小清新色调的特性调色

任务说明	解决思路	结果
小清新色调的调色		

5.5 示范项目三：中国古风水墨画色调调色

课前思考：

色彩的属性有哪些?

中国水墨色调特征是怎样的?

5.5.1 问题陈述

思考中国古代文人传统的审美是一种什么样的用色风格,表达的是一种什么样的审美情趣与意境?怎样把现代的风景和人物照片调成中式风格?

5.5.2 准备工作

计划:

任务 1　认识中式传统水墨色调

任务 2　挑选迎合中式文人审美的图片

实施:

任务 1　认识中式传统水墨色调

任务说明	解决思路	结果
认识中式传统水墨色调,了解中国传统审美原则,熟悉传统审美中文人画的用色特征	(1)观看中国古风图片; (2)查阅相关介绍; (3)总结特性	了解了传统中国色调特征:天然动植物为染色剂,色调柔和、内敛,色调多为中对比与弱对比;色相你中有我我中有你,多用复合色;在明度上,墨中带水,上色讲究通透性;由于文人书画均以毛笔和墨来完成,更是形成了中国独有的由墨色浓淡而形成的黑白灰色调来表现物象风景的水墨画,正所谓"墨分五色"

任务 2　挑选迎合中式文人审美的图片

任务说明	解决思路	结果
挑选合适的图片，主题积极健康，有人文色彩，能够很好地表现出水墨画的意境	考虑一下，哪些图片适合做中国古风调色，哪些适合	选出适合做中国古风色调的图片（图 5-8），彩图见附录 2　彩图附-22 图 5-8

5.5.3　实施解答

计划：

任务 1　图像色彩分析

任务 2　选用合适的图像调整工具

任务 3　按照水墨画的特性调色

实施：

任务 1　图像色彩分析

任务说明	解决思路	结果
从色彩的三属性分析画面的色彩，明确调色的方向，以便之后选择恰当的工具进行调色，这是后期进行调色时参数调整的依据	（1）分析图片上的色彩信息，都有哪些颜色，哪些颜色比较丰富； （2）使用吸管工具吸取颜色，看看它们的色相、明度、饱和度有什么样的规律性； （3）对比水墨画色调，需要做怎样的调整	当前画面布局过满，缺少宁静想象空间，因此首先把倒影弱化并进行模糊处理，突出主体，并删掉一部分画面，使得布局更能展现纵深的层次； 这张照片中，相对颜色比较丰富，基本上各种颜色都有，其主色系有黑白、灰调偏橙黄色，并有红色点缀； 要让色彩变得单纯，去调灰白调中的杂质，使得墙面变成纯白，更突显出灯笼的鲜艳

任务 2　选用合适的图像调整工具

任务说明	解决思路	结果
选用合适的工具	(1)选择可以调整饱和度的工具调整饱和度； (2)选择某个特定颜色，在其中添加其他颜色，这样可以做到色彩的融合，得到纯度不高的颜色	(1)进行相/饱和度调整，图像→调整→色相/饱和度，或者在图层下方调整图层添加色相/饱和度； (2)可选颜色调整，图像→调整→可选颜色，或者在图层下方调整图层添加可选颜色

任务 3　按照水墨画的特性调色

任务说明	解决思路	结果
理解什么是水墨风格的色调，画面中有哪些颜色干扰了水墨风格，使用调色工具去除这些干扰	根据之前的图像色彩分析可以使用可选颜色工具把白色与灰色调中的杂色去掉，而画面中的红色仍然保持原有色彩，色彩变得干净又有对比	正确调色成为水墨画色调(图 5-9)，并上传到线上作业中，彩图见附录 2 彩图附-23 图 5-9

5.5.4　再想一想

(1)色彩纯度高的画面和纯度低的画面你更喜欢哪一种？为什么？

(2)如何通过色彩调整得到自己想要的图像？

(3)图像色彩的合成方法有哪些？

5.6　实践项目二：中国传统民俗色调调色

课前思考：

如何把握传统的年画民俗色调调色？

如何表达这种传统民俗图像色彩？

5.6.1　问题陈述

制作一幅江南年画风格的民俗海报，在网上搜集相关资料，挑选适合的图像文件合成一幅海报。

5.6.2　准备工作

计划：

任务　认识传统民俗色调

实施：

任务　认识传统民俗色调

任务说明	解决思路	结果
认识传统民俗色调	（1）观看桃花坞年画风格的图片； （2）查阅相关介绍； （3）总结特性	

5.6.3　实施解答

计划：

任务 1　图形色彩分析

任务 2　选用合适的图像调整工具

任务 3　按照传统民俗色调调色

实施:

任务 1　图像色彩分析

任务说明	解决思路	结果
从色彩的三属性分析画面的色彩,明确调色的方向,以便之后选择恰当的工具进行调色,这是后期进行调色时参数调整的依据		

任务 2　选择合适的图像调整工具

任务说明	解决思路	结果
选择合适的工具		

任务 3　按照传统民俗色调调色

任务说明	解决思路	结果
按照传统民俗色调调色		

5.7　小结

本节课认识了几种不同色调的特征,掌握了色彩调整命令的使用方法。

目标完成情况

在本课,已经学到:

√ 认识色彩的属性;

√ 三种色调的特征;

√ 图像色彩调整命令。

5.7.1　色彩属性

5.7.1.1　色相(H)

PS 的六大色:红、黄、绿、青、蓝、洋红。

5.7.1.2　明度(B)

明度是指色彩明亮程度。有的色彩中明度最高的是白色,最低的是黑色。有的色彩中相对明度最高的是黄色,明度最低的是蓝色。

5.7.1.3　饱和度(S)

饱和度也叫作纯度,是指色彩的鲜艳程度。同一色相中饱和度最高的鲜艳色称为“纯色”,饱和度最低的色彩是灰色。

5.7.2　三种色调的特征

(1)莫兰迪色调:低饱和度的色调,降低颜色的纯度,让画面偏灰,很少有大光比,大量使用中性互补色和近似色,散发出宁静与神秘的气息。

(2)复古色调:简单大胆,出奇新鲜,色彩感对比强,用不协调衬托各异的美。

(3)小清新色调:粉色系,对比柔和,明快,色调较明亮,纯度适中。

5.7.3　图像色彩调整命令

图像色彩调整命令可以通过菜单命令中的图像→调整选项来添加,也可以通过图层控制面板或快捷方式添加。常用的几种色彩调整命令的快捷方式如下。

(1)色阶调整,快捷键“Ctrl+L”。

(2)曲线调整,快捷键“Ctrl+M”。

(3)色相/饱和度调整,快捷键“Ctrl+U”。

(4)色彩平衡调整,快捷键“Ctrl+B”。

(5)可选颜色调整,快捷键“Ctrl+S”。

值得注意的是,通过菜单命令添加的图像色彩调整是不可逆的。而通过图层控制面板或快捷方式添加的图像色彩调整命令是可编辑和删除的。

5.8 技术参考

目标

在这一部分,读者将学到:

√ 认识色彩;

√ 图像色彩工具;

√ 图像色彩调整。

5.8.1 认识色彩

5.8.1.1 色彩的属性

1)色相(H)

PS 的六大色:红、黄、绿、青、蓝、洋红(见附录 2 彩图附-24)。

2)明度(B)

明度是指色彩明亮程度(图 5-10)。有的色彩中明度最高的是白色,最低的是黑色。有的色彩中相对明度最高的是黄色,明度最低的是蓝色。

图 5-10

3)饱和度(S)

饱和度也叫作纯度,是指色彩的鲜艳程度。同一色相中饱和度最高的鲜艳色称为"纯色",饱和度最低的色彩是灰色(见附录 2 彩图附-25)。

4)有彩色和无彩色

无彩色是指黑色、白色、灰色(图 5-11),这三种颜色没有色相属性和饱和度属性。有彩色是指黑白色之外的所有颜色(见附录 2 彩图附-26)。

图 5-11

5) 色调

色调是指画面色彩的总体倾向，是大的色彩效果（ 见附录 2　彩图附-27 ）。

5.8.1.2　主色、辅助色、点睛色

1) 主色

对于设计师来说，画面中的主色、辅助色、点睛色的配合使用是非常重要的。

主色是决定整个作品风格的颜色，可以对画面起到决定性作用的颜色，占整个画面最大面积。

2) 辅助色

辅助色是给主色起到衬托作用的颜色，判断辅助色用得好不好的标准是去掉它画面不完整，有了它主色更显优势。

3) 点睛色

点睛色是细节强化的部分，可以小面积高频次使用，颜色非常跳跃，吸引眼球注意。

5.8.1.3　莫兰迪色调与印象派色调、复古色调

1) 莫兰迪色（ 见附录 2　彩图附-28 ）

莫兰迪色调源自画家乔治·莫兰迪（ Giorgio Morandi ）。乔治·莫兰迪（ 1890 年 7 月 20 日—1964 年 6 月 18 日 ）生于意大利，他是意大利著名的版画家、油画家，他的一生极其简单，其大部分的绘画是各种各样的瓶瓶罐罐。

他用的颜色特别雅致，就是我们现在常说的高级灰。物理光学上有三种原色，原色会给人一种特别强烈的冲击，大红、大绿就是这样。三种原色混合在一起调，得到间色，间色再次混合，得到复色，混合到了最多的时候，我们就管它叫高级灰，这种灰色由于其中不同彩色成分的不同会产生细微的差别，而这种不同层次的灰是特别难体会到的。

也就是说，你看到的灰，反映到你脑子里只有一个字，中文叫“灰”，可是灰度的差别是很大的，要想辨别出来，只能多看，锻炼观察能力。

所以，我们就会发现在莫兰迪之前很多当时的现代主义画家，如后印象主义的塞尚、大家熟悉的凡·高，他们都是用原色来画画的，他们都不调色。

2)拉斐尔油画(见附录2 彩图附-29)

拉斐尔·桑西(Raffaello Santi,全名Raffaello Sanzio da Urbino,1483年3月28日或4月6日—1520年4月6日),常称为拉斐尔(Raphael),意大利著名画家,文艺复兴三杰之一。

文艺复兴以来的古典主义画家,希望能够原封不动地反映自然,所以在调色的过程当中一定要跟自然的颜色是相同的,画出来跟他的模特的颜色越像,说明他的功力越高。这就是我们为什么说米开朗琪罗、拉斐尔的伟大就是因为他们能调出像自然一般的颜色来。

到了后印象主义的时候,他们就认为这种颜色只是那个物体的颜色,如红绿灯,你看这红灯是红色的吗?当然红灯是红色了。可是红灯在夕阳的照射之下,是不是就变成橙色了?影子是灰色的吗?对,是灰色的。但又不对,莫奈跟你说了,如果要是在河边的那个影子,它是紫色的,你仔细看。

所以,不是要画物体的实际颜色,而是要看它在不同的光下面是什么颜色。这个时候就会发现颜色实际上并不是你印象当中的那种色彩,而是你当时感受到的色彩。我们要说的是什么呢?就是说在调色的过程当中,大家慢慢地感觉到色彩是有情感的,如红色特别热烈,蓝色就特别冷静,那么这种颜色画得越强烈,说明你的情感越充沛,这就是为什么凡·高要用纯色了。

3)凡·高星空(见附录2 彩图附-30)

文森特·威廉·凡·高(Vincent Willem van Gogh, 1853年3月30日—1890年7月29日),荷兰后印象派画家。

20世纪以后一下子进入工业社会,各种广告、各种图像、各种色彩,天天都在轰炸你。所以,你回到家以后,就想要静下来,什么能让你静下来呢?就像我们在照相的时候,饱和度调得特别低,它低到什么程度?不能低到完全灰了,没有颜色你就没有感觉了,要是特别淡雅的颜色,若有若无,若即若离,这种颜色是什么呢?就是我们说的治愈色,能治愈你那种特别烦躁的心情的颜色。

经过一天的喧嚣、污染、拥挤,从下了地铁以后,第一件事我想坐下来,家里什么都不要,只有一幅画是什么呢?就是莫兰迪的高级灰,它治愈我心灵。(节选自姜松《漫游全球博物馆》,有修改)

5.8.2 中国传统色:文人水墨色调与民俗色调

5.8.2.1 意象美

中国文化的意象非常丰富,色彩的表达,由具象的实物引出意境的悠远。隋代的萧吉在《五行大义》里讲:“通眼者为五色。青如翠羽,黑如乌羽,赤如鸡冠,黄如蟹腹,白如豕膏,此五色为生气见。青如草滋,黑如水苔,黄如枳实,赤如衃血,白如枯骨,此五色为死色。”我们见到的翠鸟毛的青、乌鸦羽的黑、雄鸡冠的赤、螃蟹腹的黄、肥猪油的白,都是生机勃勃的颜色。而滋草青、腐苔黑、熟枳黄、衃血赤、枯骨白,却联想到死气沉沉。这是由具象而生色,又由色而生出意象的衍生。意象就是寓“意”之“象”，就是客观具象经过创作主体独特的情感活动创造出来的一种艺术形象。中国传统的美学观念无不贯穿着意象的表达与追求，这与西方古典美学有着非常大的差异，也是我们需要努力追求继承的。

5.8.2.2　正间色

五正色就是“青、赤、白、黑、黄”。在传统的《周礼》中与东、南、西、北、中对应。同时，青又象征春，赤象征夏，白象征秋，黑象征冬，而黄代表大地。

五间色，按照日本人杉原直养在180多年前编写的中国古色谱《彩雅》中记载为“绿、红、流黄、碧、紫”。

需要注意的是，中国的传统色谱多使用物品作为对照，由于物色本身有很大差异，因此色彩的名称与实色的对应都会有一些偏差。而传统颜料也都是天然物质组成成分的复杂造成颜色的混杂。五正色代表的颜色都不是当代物理光学概念下纯正的颜色。这种混杂的色感所产生的效果，恰恰反映出中国传统色彩的自然融合之美。

5.8.2.3　水墨画色调

水墨画是由水和墨调配成不同深浅的墨色所画出的画，是绘画的一种形式。更多时候，水墨画被视为中国传统绘画，也就是国画的代表，也称国画、中国画。水墨画是中国传统画之一，以中国画特有的材料之一——墨为主要原料，再以加清水的多少引为浓墨、淡墨、干墨、湿墨、焦墨等，画出不同浓淡（黑、白、灰）层次，别有一番韵味，称为“墨韵”，而形成水墨为主的一种绘画形式。

5.8.3 图像色彩工具

5.8.3.1 色阶

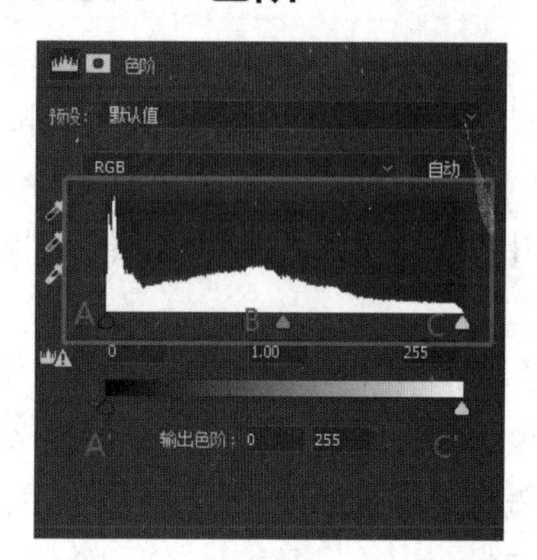

图 5-12

图 5-13

图 5-14

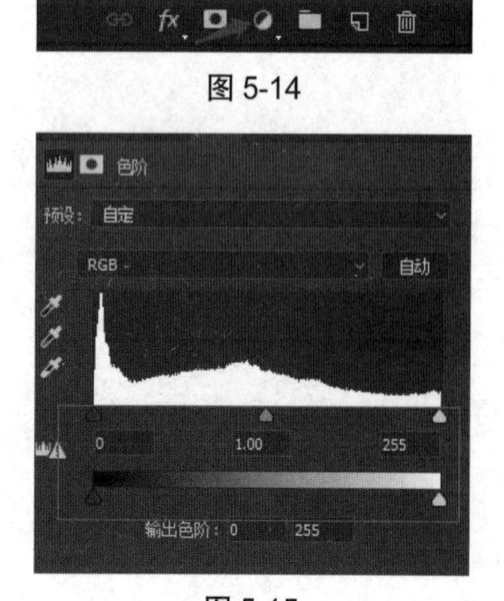

图 5-15

色阶是表示图像亮度强弱的指标，指的是灰度分辨率（又称为灰度级分辨率或者幅度分辨率）。图像的色彩丰满度和精细度是由色阶决定的。色阶指亮度，与颜色无关，但最亮的只有白色，最不亮的只有黑色。

“色阶”直方图是采用图表的形式，直观地显示一张图片中不同亮度值的像素所占多寡（频次）。其横轴方向代表亮度（数值为 0~255，对应从黑到白），纵轴方向代表数量值（出现频次，越高表示这个亮度的颜色出现得越多）。图 5-12 的直方图中，可以看出暗部较多，中间调居中，亮部的范围较少（图 5-13）。

可以使用“色阶”调整图像的阴影、中间调和高光的强度级别，从而校正图像的色调范围和色彩平衡。“色阶”直方图可用作调整图像基本色调的直观参考。

选择菜单命令图像→调整→色阶，也可以直接按下快捷键“Ctrl+L”，或者在图层下方的图层控制面板上选取调整图层按钮（图 5-14），再选色阶项，添加色阶控制。

如图 5-15 所示为“色阶”对话框。直方图下面有三个滑块，最左侧的滑块代表对阴影的调整，其初始值为下面输入框中的 0。

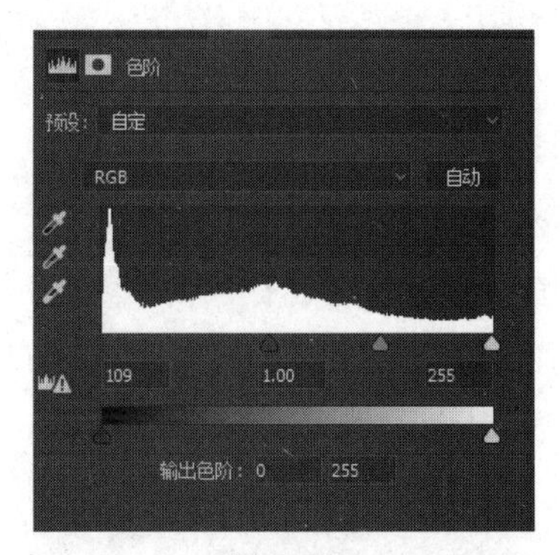

图 5-16

图 5-17

当滑块向右移动时，阴影加强。如图 5-16 所示，可以理解为从 0~109 亮度范围的画面全部变成了阴影，效果如图 5-17 所示。

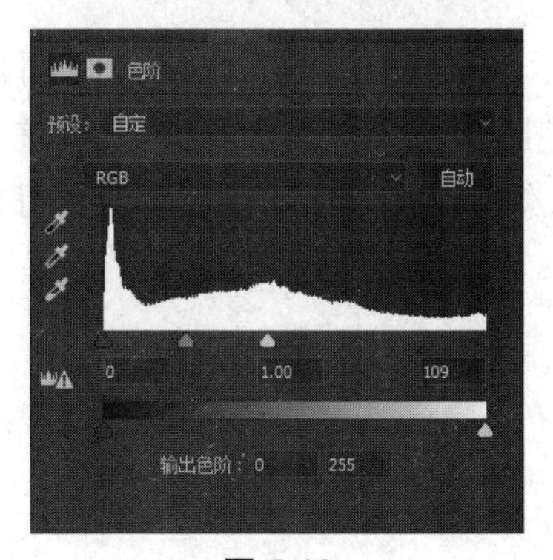

图 5-18

最右侧的滑块代表对高光的调整，其初始值为下面输入框的 255。该滑块向左移动时，高光加强。如图 5-18 所示，可以理解为从 109~255 亮度范围的画面都变成了高光区间，效果如图 5-19 所示。

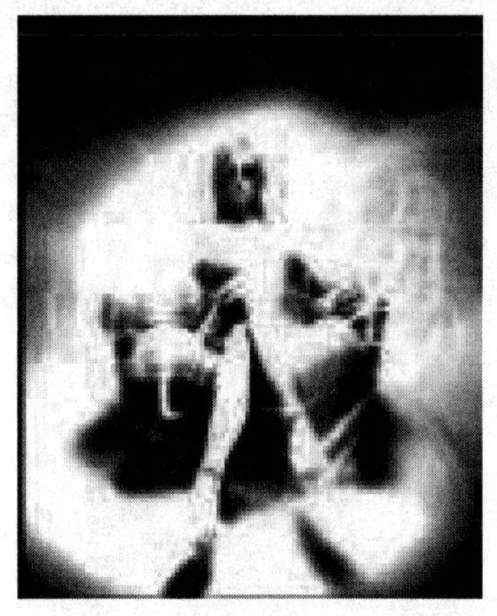

图 5-19

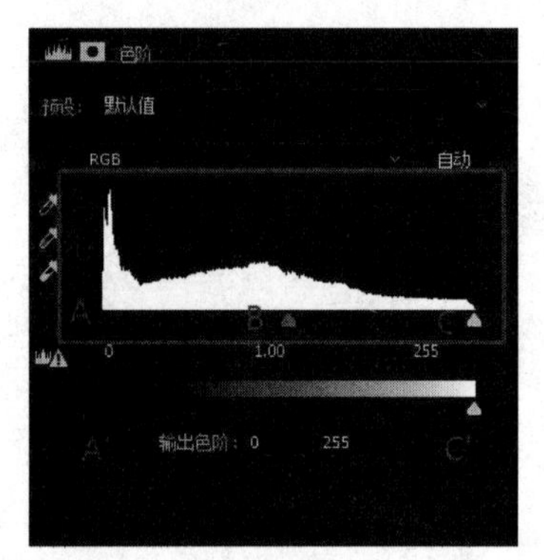

图 5-20

如图 5-20 所示,中间滑块对应的数值默认是 1,指中间调所占整体的比例。1 代表平均分布。向右移动滑块 B,其值小于 1,表示阴影区间增大。向左移动 B 滑块,其值大于 1,表示高光区间增大。

渐变条和其下对应的输出色阶是指当前图像在显示输出时可以再做调整。A′ 对应的是阴影 A 的新数值,当 A′ 向右移动时,表示阴影变亮。C′ 对应的是高光 C 的新数值,当 C′ 向左移动时,表示高光变暗。

如图 5-21 所示,当把输出值调到 60~160,可以理解为把原画面色阶从 0~255 丰富的层次,调整为在 60~160 范围内,效果如图 5-22 所示,画面变得很灰,没有了层次感。

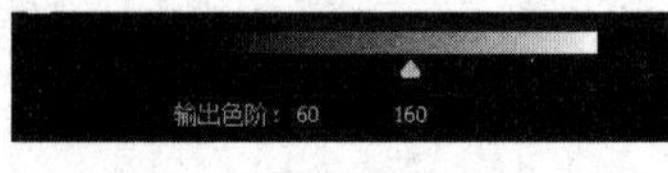

图 5-21

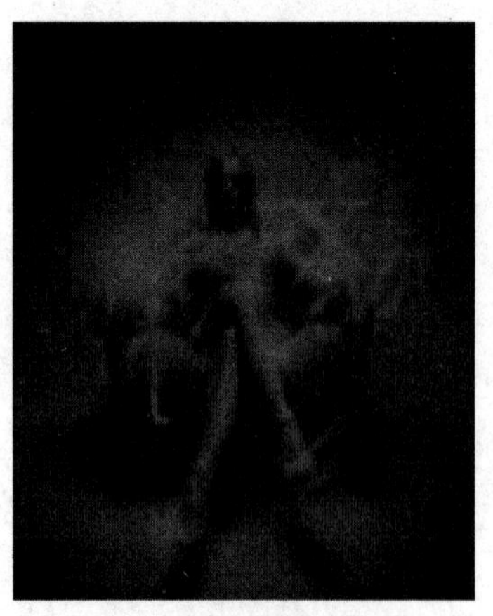

图 5-22

5.8.3.2　曲线

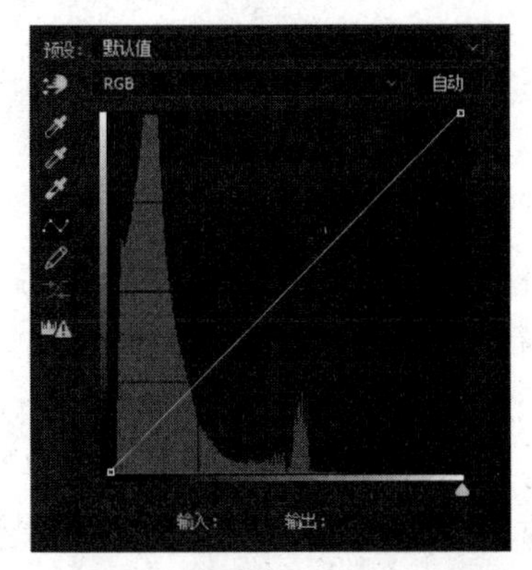

图 5-23

曲线调整，选择菜单命令图像→调整→曲线，也可以直接按下快捷键 Ctrl+M，或者在图层下方调整图层添加曲线。

曲线是通过色阶调整画面色彩平衡与明暗对比的另一种表现形式（图 5-23）。

图 5-24

图 5-24（附录 2　彩图附-31）的直方图如图 5-25 左图所示，从该曲线中的直方图可以看出，这张图片暗部信息丰富，中间调和亮部信息很少，应该是一张曝光不足的图片。

当调整范围是 RGB 时，就是对画面中所有通道的色彩亮度进行调整。

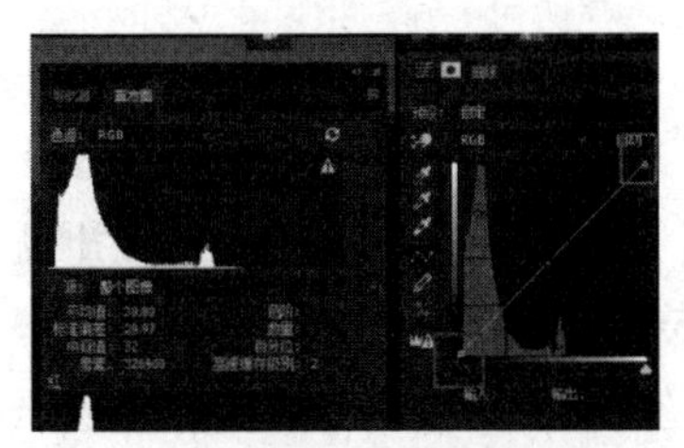

图 5-25

通过窗口菜单打开直方图，可以看到和曲线中一致的直方图。

曲线坐标图的对角线有一条直线，这条直线把整个区域分成左上和右下两个部分。对角线上有两个端点，可以通过调整这两个端点来调整阴影和高光的变化。左下角框中的点代表阴影，右上角框中的点代表高光。当向左上方向调整时，表示变亮；当向右下方向调整时，表示变暗。点击直线中间的位置，可以添加端点，表示相应中间调的明暗值。向上拖动中间的点表示中间调变亮，向下拖动表示变暗（图 5-25）。

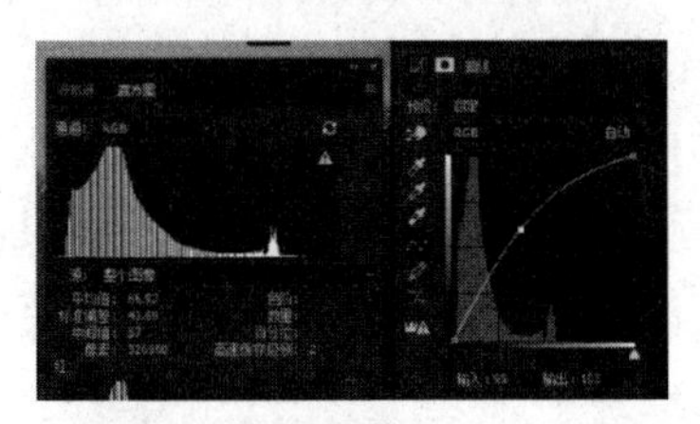

图 5-26

当把中间点抬高，出现一条在对角线上方的曲线时，可以看到直方图峰值向右移动，表示整体图像的中间调增强（图 5-26），这时的图像整体变亮（图 5-27），见附录 2　彩图附-32。

图 5-27

5.8.3.3 色相/饱和度

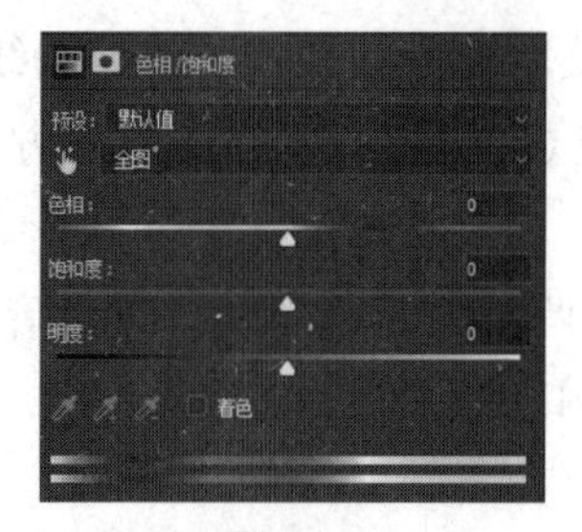

图 5-28

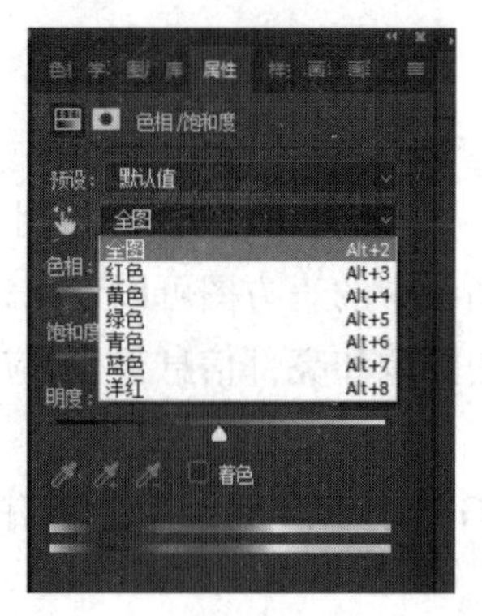

图 5-29

色相/饱和度对话框如图 5-28 所示，可以对图像中整体色彩的色相、明度、饱和度进行调整，也可以针对某一种颜色进行色相、明度、饱和度的调整。

选择菜单命令图像→调整→色相/饱和度，也可以直接按下快捷键 Ctrl+U，或者在图层下方调整图层添加色相/饱和度，打开色相/饱和度对话框，调整颜色的色相、饱和度、明度。

通过（图 5-29）菜单可以选择是进行全图调整，或者是某个特定颜色的调整。

分别移动色相、饱和度、明度滑块就可以进行相应的颜色属性的调整。

5.8.3.4 色彩平衡

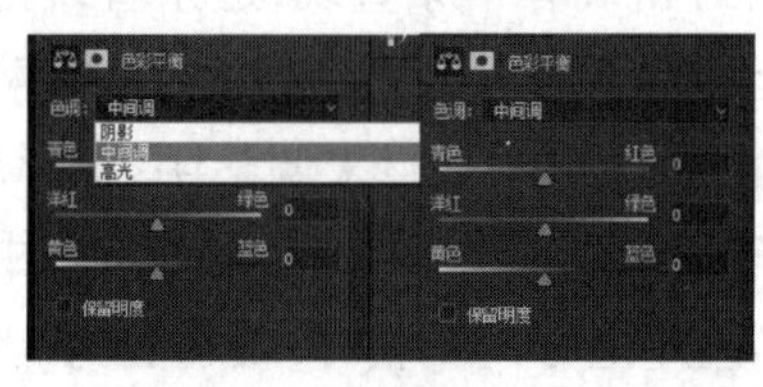
图 5-30

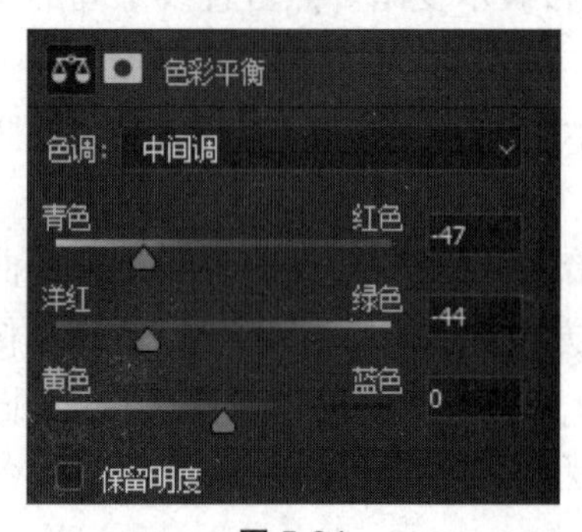

图 5-31

色彩平衡调整可以分别对阴影、中间调和高光进行颜色调整（图 5-30）。

当不勾选“保留明度”时，滑块向左移动是压暗画面，同时增加标尺左端的颜色；向右移动是提亮画面，同时增加标尺右端的颜色（图 5-31）。

可以同时移动两个以上的滑块，产生混合色变化的效果。例如：青色和洋红混合色为蓝色，如果需要加强蓝色同时压暗黄色，可以把上面两个滑块向青色和洋红色移动。

注意：色彩平衡的调整虽然区分了阴影、中间调和高光，但是每种效果都对整体色调有较大影响。如果需要针对范围比较小的色彩调整，建议使用可选颜色等其他工具。

5.8.3.5　可选颜色

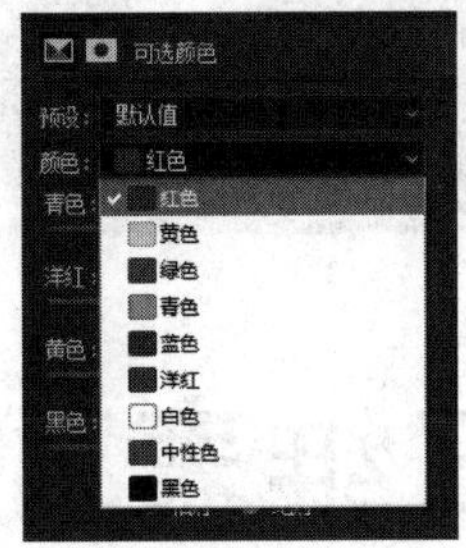

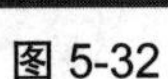
图 5-32

图 5-33

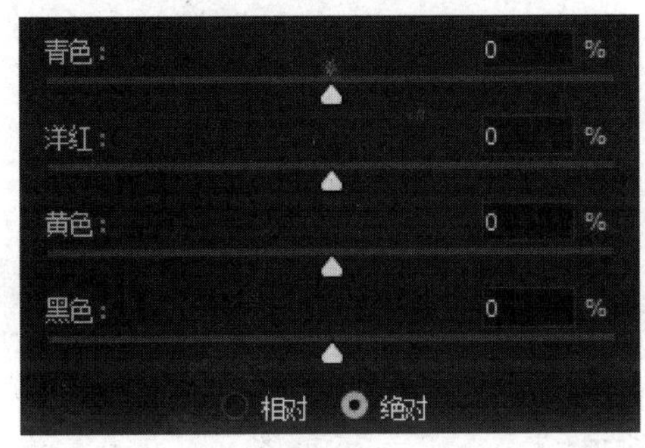

图 5-34

可选颜色是针对画面图像的颜色分别进行调整。其中的白色代表高光，中性色代表中间调，黑色代表阴影（图 5-32）。

可选颜色可以准确地对选中的颜色进行调整。

可选颜色的调色调整条上只有青色、洋红、黄色、黑色四种，但是其中暗含了对红、绿、蓝、白的调整（图 5-33）。

当移动相应的滑块时，其值的范围从-100%到+100%变动。值大于 0 时，是添加相应颜色的成分；而值小于 0 时，就是添加补色颜色成分（图 5-34）。

例如：当调整青色条为负值时，就是在为制定的可选颜色添加红色成分。最下面黑色调整条，其值大于 0 时为增加黑色，其值小于 0 时为增加白色。

第 6 课

光影奇迹——二维空间的三维表现

目标

在本课,读者将学到:

√ 数字图像的三维表现形式;

√ 数字图像二维空间的三维表现。

6.1 开始

1)透视

透视是一个绘画理论术语,指在平面或曲面上描绘物体的空间关系的方法或技术。

透视可使观看的人对平面的画有立体感,可分为一点透视、两点透视、三点透视三种类型。

2)明暗

明暗是指物体在光源照射下表现出来的亮暗面,通过描绘这两个面,在平面载体上营造"立体"氛围;而"关系"指的是在上述表述下,多个物体之间或单个物体各部分的相对亮暗差异。

3)三大面五大调

现实中的物体明暗层次分为亮面、灰面和暗面,称为三大面。三大面上还可以刻画出更细节的光影关系,这就是五大调。

6.2 示范项目一:球体的三维表现

课前思考:

如何画一个球体?

如何体现球体的明暗关系?

如何塑造球体的立体感?

6.2.1 问题陈述

观摩一些石膏球体素描图片,分析这些石膏球体的明暗关系和立体感的塑造以及光源信息。

6.2.2 准备工作

计划：

任务1 寻找球体观摩图片

任务2 分析球体图片的明暗关系

实施：

任务1 寻找球体观摩图片

任务说明	解决思路	结果
寻找观摩图片	浏览美术网站，分析优秀的静物素描、人物素描、产品展示明暗关系是什么样的	寻找到符合问题描述的观摩图

任务2 分析球体图片的明暗关系

任务说明	解决思路	结果
分析球体图片	考虑一下这些素描图片是怎样体现出立体感的	选出明暗关系塑造比较好的素描图片（图6-1）。在Photoshop中打开这些图片，观察它们的明暗关系 图6-1

6.2.3 实施解答

计划：

任务1 制作球体

任务2 球体的明暗关系表现

任务3 塑造球体立体感

实施:

任务 1　制作球体

任务说明	解决思路	结果
制作球体	（1）新建一个文件，大小 800 px × 600 px，分辨率为 72 px，RGB 模式； （2）新建图层“Ctrl+Shift+Alt+N”； （3）选择椭圆工具，按住“Shift”键，绘制出正圆选区（图 6-2） 图 6-2	制作出球体（图 6-3） 图 6-3

任务 2　球体的明暗关系表现

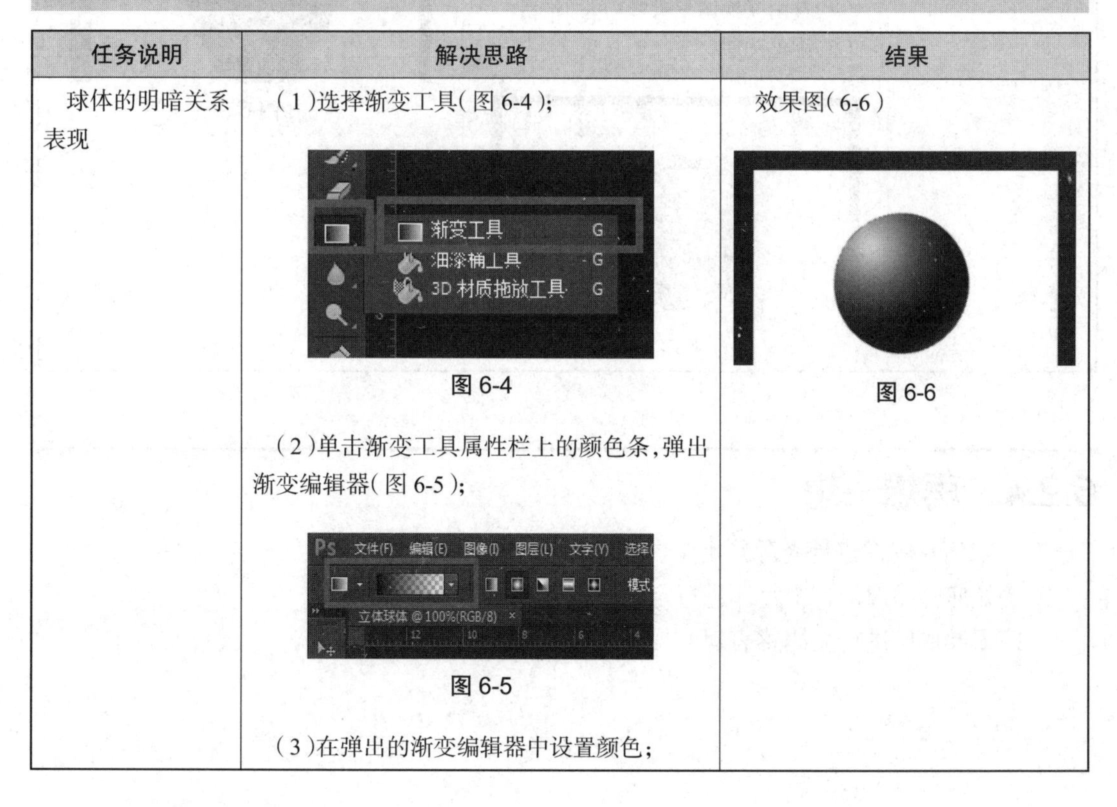

任务说明	解决思路	结果
球体的明暗关系表现	（1）选择渐变工具（图 6-4）； 图 6-4 （2）单击渐变工具属性栏上的颜色条，弹出渐变编辑器（图 6-5）； 图 6-5 （3）在弹出的渐变编辑器中设置颜色；	效果图（6-6） 图 6-6

任务说明	解决思路	结果
	（4）在渐变工具属性栏上选择“径向渐变”（图 6-7）； 图 6-7 （5）从左上拖曳鼠标到右下，得到带有明暗关系的球体	

任务 3　塑造球体立体感

任务说明	解决思路	结果
塑造球体立体感	（1）新建图层 2（图 6-8）； （2）用椭圆工具绘制椭圆选区，并且设置羽化值； （3）选择径向渐变，并拖曳鼠标得到投影； （4）自由变换调整投影的大小和形状； （5）调整图层 图 6-8	效果图（图 6-9） 图 6-9

6.2.4　再想一想

（1）如何对图像进行光源判定？

（2）如何对图像中各个物体进行定光分面？

（3）图像如何进行立体感表现？

6.3　示范项目二：正方体的三维表现

课前思考：

如何画一个正方体？

如何体现正方体的明暗关系？

如何塑造正方体的立体感？

6.3.1　问题陈述

观摩一些石膏正方体素描图片，分析这些石膏正方体的明暗关系和立体感的塑造以及光源信息。

6.3.2　准备工作

计划：

任务 1　寻找正方体观摩图片

任务 2　分析正方体图片的明暗关系

实施：

任务 1　寻找正方体观摩图片

任务说明	解决思路	结果
寻找观摩图片	浏览美术网站，看看优秀的静物素描、人物素描、产品展示明暗关系是什么样的	寻找到符合问题描述的观摩图

任务 2　分析正方体图片的明暗关系

任务说明	解决思路	结果
分析正方体图片	考虑一下这些素描图片是怎样体现出立体感的	选出明暗关系塑造比较好的素描图片(图 6-10),在 Photoshop 中打开这些图片,观察它们的明暗关系 图 6-10

6.3.3　实施解答

计划:

任务 1　认识透视

任务 2　正方体搭建

任务 3　塑造正方体立体感

实施:

任务 1　认识透视

任务说明	解决思路	结果
认识透视	透视是一个绘画理论术语,指在平面或曲面上描绘物体的空间关系的方法或技术,透视可使观看的人对平面的画有立体感	了解透视

任务 2　正方体搭建

<table>
<tr><th>任务说明</th><th>解决思路</th><th>结果</th></tr>
<tr><td>正方体搭建</td><td>（1）新建一个文件，大小 800 px × 600 px，分辨率为 72 px，RGB 模式；
（2）选择直线工具；
（3）新建图层，命名为结构线，用直线工具根据前面介绍的透视构图原理绘制正方向的结构线（图 6-11）； 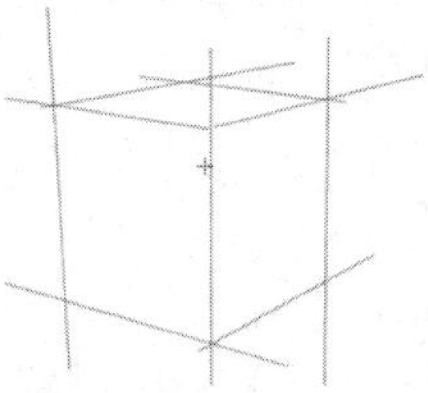
图 6-11
（4）用矩形选框工具创建一个矩形选区（图 6-12）； 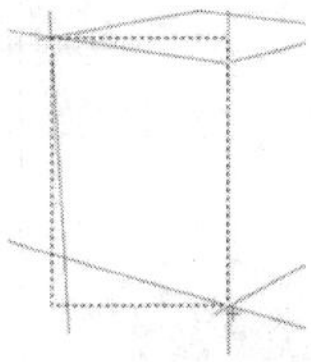
图 6-12
（5）选择菜单栏“选择”→“变换选区”命令，自由变换该矩形选区，参照结构线，将控制点拖曳到合适位置；
（6）新建图层，在选区内填充明度较高的灰色；
（7）新建图层，按上面方法绘制右侧的矩形选区。设置前景色和背景色分别为深灰色和白色，选择“渐变工具”，在选项栏上设置该工具；
（8）自选区左上角向右下角创建渐变（图 6-13）； 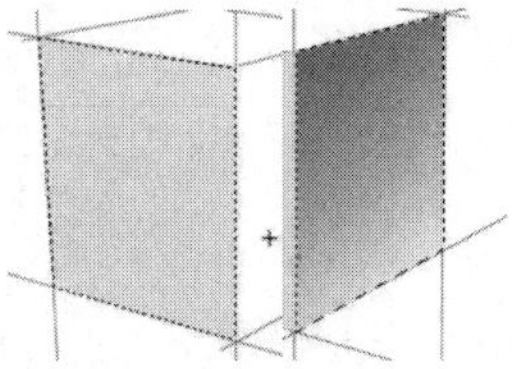
图 6-13
（9）进一步完善顶部的面</td><td>效果图（图 6-14） 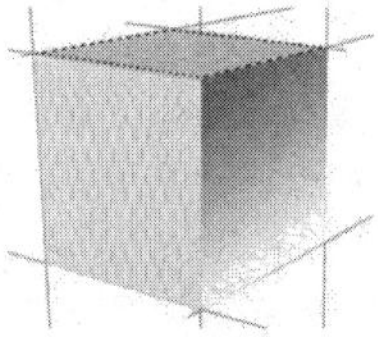
图 6-14</td></tr>
</table>

任务 3 塑造正方体立体感

<table>
<tr><th>任务说明</th><th>解决思路</th><th>结果</th></tr>
<tr><td>塑造正方体立体感</td><td>（1）处理正方体立体感，选择减淡工具；
（2）用减淡工具分别涂抹三个图层，注意刻画三面五调的效果；
（3）用加深工具将明暗交界线部加深；
（4）新建图层，命名投影，用多边形套索工具绘制矩形（图 6-15）；
图 6-15
（5）菜单栏选择羽化命令，进行羽化操作（图 6-16）；
羽化选区
羽化半径(R): 3 像素
确定
取消
图 6-16
（6）调整颜色灰度，填充矩形选区；
（7）用橡皮擦工具将投影相应部分减淡，完成立方体绘制</td><td>效果图（图 6-17）
图 6-17</td></tr>
</table>

6.3.4 再想一想

（1）如何对图像进行光源判定？

（2）如何对图像进行定光分面？

（3）如何对图像进行立体感表现？

6.4　示范项目三：产品与场景合成

课前思考：

从透视角度看什么样的产品才能放到一个特定的场景上？

产品的受光与场景上的光源不一致怎么办？

怎样才能较好地把产品融入场景画面中？

6.4.1　问题陈述

在给出的图 6-18 中分析出光源信息与视平线的位置，根据图片环境，在网上寻找 4 件家用产品摆放到图 6-18 中 4 个产品展示台上。

图 6-18

6.4.2　准备工作

计划：

任务 1　找视平线

任务 2　分析光源

实施:

任务 1　找视平线

<table>
<tr><th>任务说明</th><th>解决思路</th></tr>
<tr><td>找视平线</td><td>绘制立方体进深方向的一组平行线的延长线,它们交于一点,这个点就是灭点,灭点所在的水平线就是视平线。
一个画面中的物体由于视角的不同会有许多的灭点,但是这些灭点都在同一条视平线上。也就是说,一个画面只有一条视平线。为了相对比较准确,可以多找几个灭点,它们的连线就是视平线。注意,一般情况下,画面中的物体都会有至少一个灭点不在画面内。这时候就需要加宽画板的宽度,找到画面外的灭点,这样才能准确地找到视平线</td></tr>
<tr><th colspan="2">结果</th></tr>
<tr><td colspan="2">效果图(图 6-19)

图 6-19</td></tr>
</table>

任务 2　分析光源

任务	解决思路
分析光源	(1)判定光源信息是室内还是室外; (2)室外光主要来源是天光,天光大部分都是在上方; (3)室内光主要来源是人造光,例如顶灯、台灯、物理光源; (4)根据物体的受光面和投影的方向倒推光源位置

结果
分析光源信息，此画面应为多光源，主光源应在靠画面前面的右上方（图 6-20）

图 6-20

6.4.3　实施解答

计划：

任务 1　寻找产品

任务 2　放入画面

任务 3　产品融图

实施：

任务 1　寻找产品

任务说明	解决思路
寻找产品	在网上找到视平线与当前视平线基本一致并且是右上方受光的产品图
结果	
产品图（图 6-21 至图 6-25）	

图 6-21　图 6-22　图 6-23　图 6-24　图 6-25

任务2 放入画面

任务说明	解决思路
放入画面	把产品放入画面中,调整大小和位置,逐一验证视平线是否一致;如果不一致,重新寻找,直到合适为止

结果

(1)逐一找到每个产品的视平线(图6-26至图6-30);

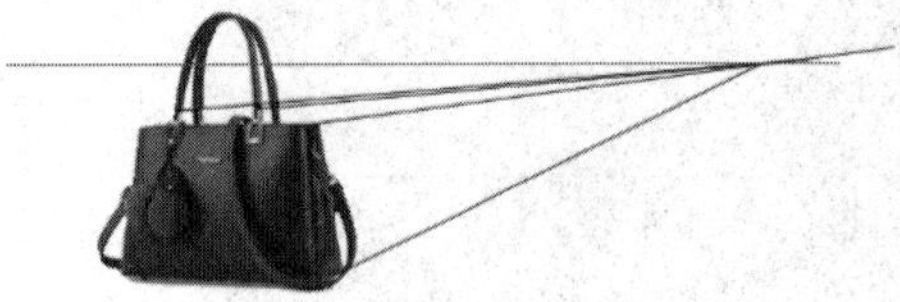

图6-26

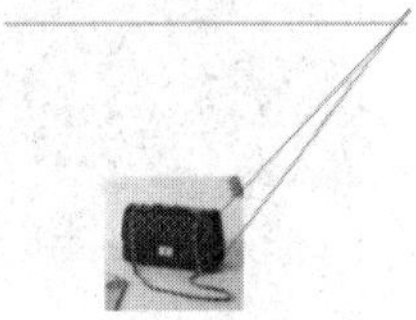

图6-27

图6-28

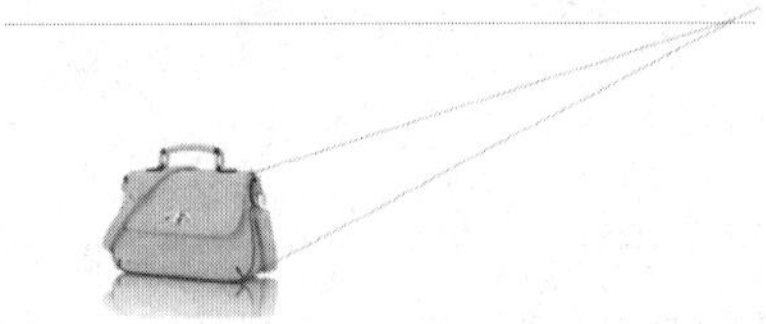

图6-29

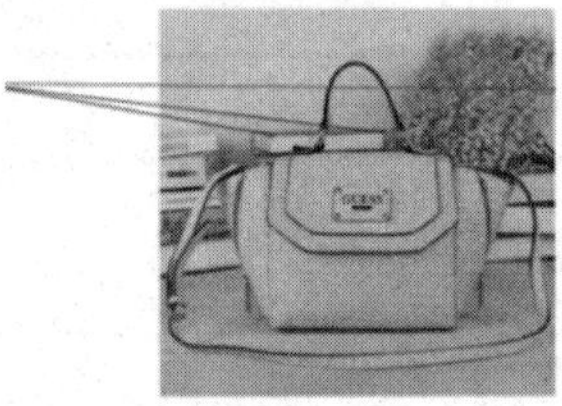

图6-30

(2)将产品摆放到画面中合适的位置,不合适的产品需要重新找(图6-31)

图6-31

任务 3　产品融图

<table>
<tr><th>任务说明</th><th>解决思路</th></tr>
<tr><td>产品融图</td><td>(1)调整位置和大小,把产品摆放合理;
(2)为产品添加光影,处理闭塞区域,让产品更好地融入画面</td></tr>
<tr><th colspan="2">结果</th></tr>
<tr><td colspan="2">效果图(图 6-32)

图 6-32</td></tr>
</table>

6.5　实践项目:电商场景搭建与产品融合

6.5.1　问题陈述

现有 3 款系列化妆品产品需要进行展示(图 6-33 至图 6-35),设计一个合适的展示平台展示产品。

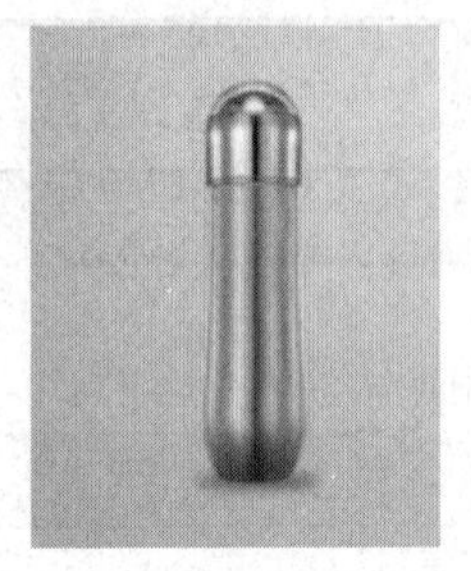

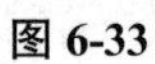

图 6-33

图 6-34

图 6-35

6.5.2　准备工作

计划:

任务 1　找到视平线

任务 2　绘制草图

实施:

任务 1　找视平线

任务说明	解决思路	结果
找视平线	（1）这三款产品都是圆柱形产品，因此可以根据圆柱形水平截面的弧度来判断视平线的高度，视平线上方的弧度向上突起，而视平线下方的弧度向下弯，越接近视平线的弧度也就越接近水平； （2）按以上原理分别绘制出三个产品的视平线大体位置	

任务 2　绘制草图

任务说明	解决思路	结果
绘制草图	（1）建立一个 PS 文件，把三个带着视平线的产品放入其中； （2）把产品摆放到视觉中心附近，调整它们的位置，让它们的视平线在同一条直线上，这条视平线就是画面的视平线，同时注意产品的受光情况尽量保持一致； （3）在三个产品下面绘制三个立方体，托住三个产品。注意这三个立方体的灭点也要落在画面的视平线上； （4）根据产品的受光情况，判断出主光源位置	

6.5.3 实施解答

计划：

任务 1　绘制立方体

任务 2　定光分面

任务 3　颜色渲染

任务 4　修饰美化立方体

任务 5　统一产品与立方体的光影

任务 6　背景制作

任务 7　添加文字

任务 8　整体调整

实施：

任务 1　绘制立方体

任务说明	解决思路	结果
绘制立方体	（1）使用矩形工具绘制三个立方体，注意不要留白边，透视一定要准确。 （2）三个立方体的三个面可以使用不同的灰色来表示	

任务 2　定光分面

任务说明	解决思路	结果
定光分面	（1）根据草图定好的主光源，首先区分出三大面，用不同的灰色来表示亮面、灰面和暗面，注意颜色不要太深，但要区分明确； （2）在明确了三大面的各个立方体上描绘五大调，在亮面区分出高光，在暗面绘制反光； （3）注意灰面也要有一定的层次，每个面的渐变要过渡自然	

任务 3　颜色渲染

任务说明	解决思路	结果
颜色渲染	为三个立方体分别上色： （1）根据产品色定出画面基调，并使用渐变绘制一个背景图层； （2）为立方体各个面上色； （3）在每个面上方添加一个图层使用主色调填充颜色，图层模式选择柔光或叠加，建立剪切蒙版	

任务 4　修饰美化立方体

任务说明	解决思路	结果
修饰美化立方体	使用添加正片叠底压暗暗部，滤色图层制作高反光效果； 操作时要注意观察，使得效果自然而富有张力	

任务 5　统一产品与立方体的光影

任务说明	解决思路	结果
统一产品与立方体的光影	（1）描绘闭塞区域，让产品安放到台子上； （2）根据光源为立方体产品添加投影	

任务 6　背景制作

任务说明	解决思路	结果
背景制作	（1）根据前景产品与立方体的颜色定位，制作一个近似色的背景； （2）使用渐变让背景更有层次	

任务7　添加文字

任务说明	解决思路	结果
添加文字	为电商广告页添加一两句宣传语,注意文字要集中,不要太散	

任务8　整体调整

任务说明	解决思路	结果
整体调整	可以新建立一些图层,对背景与前景整体的色彩光影再做一下整理,然后使用 Camera Raw 滤镜对整体色调做一些整理	

6.6　小结

本节课学习了图像透视和定光分面以及图像明暗立体感营造的方法。

目标完成情况

在本课,已经学到:

√ 图像透视;

√ 图像明暗关系;

√ 图像定光分面。

6.6.1　图像透视原理

(1)透视是一个绘画理论术语,指在平面或曲面上描绘物体的空间关系的方法或技术。透视可使平面的画对观看的人产生立体感,可分为一点透视、两点透视、三点透视三种类型。

(2)视点是人眼睛所在的地方。

(3)视平线是与人眼等高的一条水平线。

(4)灭点是透视点的消失点。

(5)视线是视点与物体任何部位的假想连线。

(6)视角是视点与任意两条视线之间的夹角。

(7)视域是眼睛所能看到的空间范围。

6.6.2 图像明暗关系

明暗是指物体在光源照射下表现出来的亮暗面,通过描绘这两个面,在纸张这一“平面”载体上营造“立体”氛围;而“关系”指的是在上述表述下,多个物体之间或单个物体各部分的相对亮暗差异。

6.6.3 受光物体定光分面

1)定光源

根据画面中物体的受光情况,找出光源所在位置。

2)定光分面

分析:根据图片环境,分析哪个面是亮面、哪个面是暗面。

光源:阳光下没有看到的顶面也是最亮的。

判断颜色的方法,地面就是顶面的感受。

阳光大部分都是在上方。

3)定颜色

抛物线取色方法:当已知固有色的时候,越亮越灰,越暗越纯。

4)闭塞区

越开阔越亮,越闭塞越暗。

5)色温变化

越闭塞色温越低,越开阔色温越高。

例如:H——越亮越向黄走,越暗越向红走。

6.7 技术参考

目标

在这一部分,读者将学到:

√ 图像透视原理;

√ 图像明暗关系。

6.7.1　图像透视原理

6.7.1.1　透视

透视是一个绘画理论术语，指在平面或曲面上描绘物体的空间关系的方法或技术。

透视可使平面的画对观看的人产生立体感，可分为一点透视、两点透视、三点透视三种类型。

6.7.1.2　基本术语

视平线：与人眼等高的一条水平线（图 6-36）。

灭点：也叫消失点，物体远到一定程度最终变成一个消失点。

灭线：灭点所在的线。

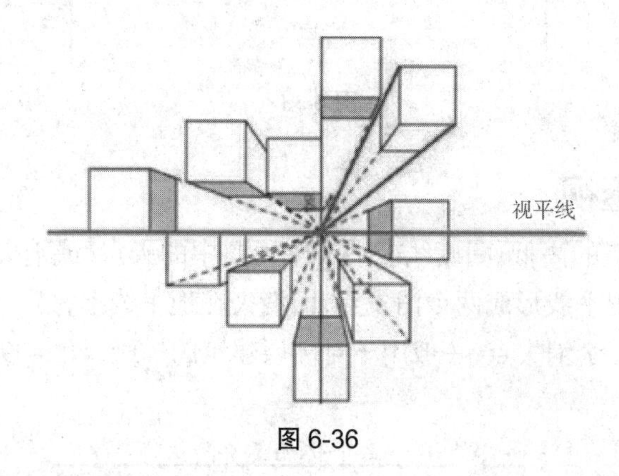

图 6-36

6.7.1.3　一点透视

一点透视也叫作平行透视，其横线与视平线平行，建筑物与画面之间相对位置的变化由长、宽、高组成主要方向轮廓线，而画出的透视（图 6-37）。

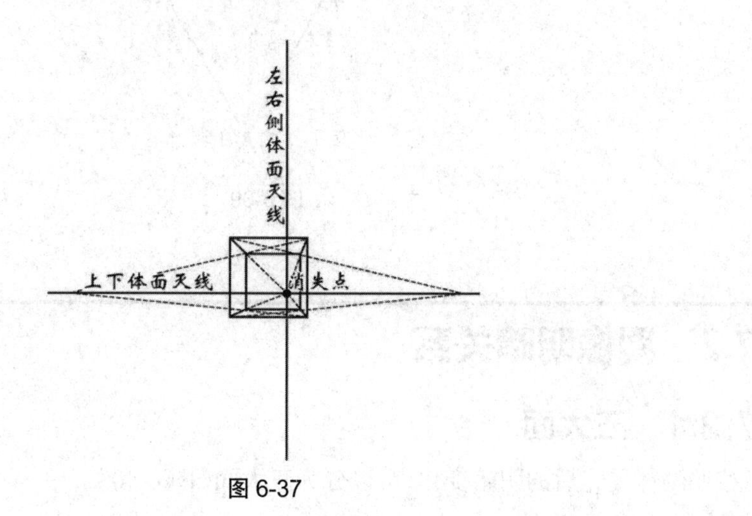

图 6-37

6.7.1.4　两点透视

两点透视又称成角透视，其有两个灭点，如当我们正站在一个街角向前平视，那么街道两边的线条就会向两边无限延伸，然后就会形成两个消失点（图 6-38）。

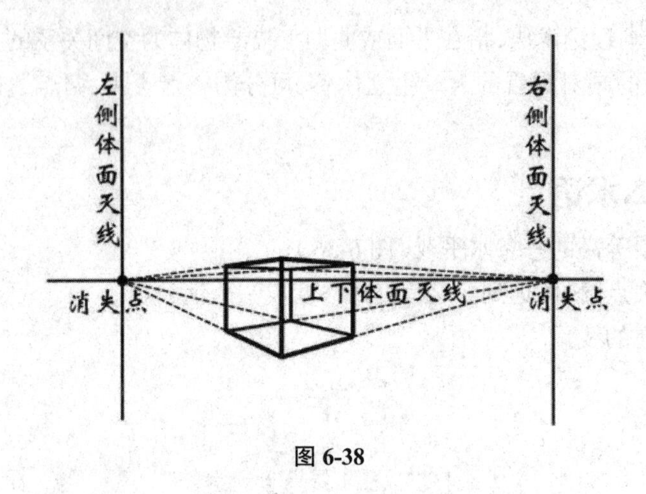

图 6-38

6.7.1.5　三点透视

三点透视根据站点的高低，高度线或消失于天空中的天点，或消失于地面中的地点，另外两组深度线延长与视平线形成两个消失点，而消失在地平线上，另一个消失点消失在天空或地面。三点透视有三个消失点，一般用于对高层建筑的描绘（图 6-39）。

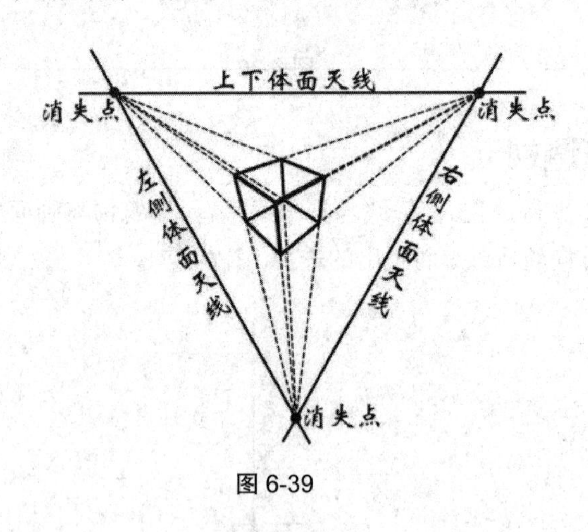

图 6-39

6.7.2　图像明暗关系

6.7.2.1　三大面

按照物体受光后的明暗变化，可以分为三大面（图 6-40）。

（1）受光面称为亮面。

（2）背光面称为暗面。

（3）受光面与背光面的中间区域称为灰面。

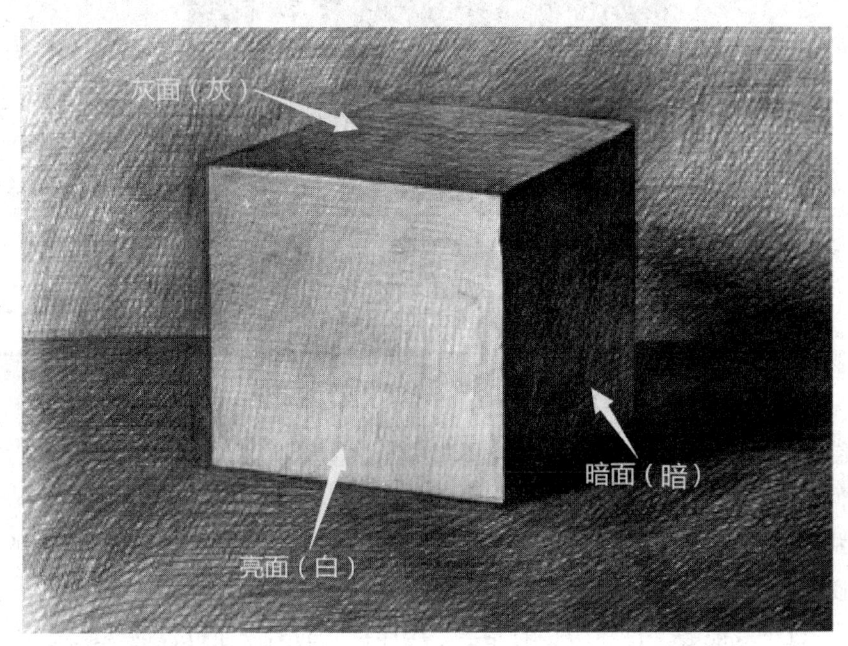

图 6-40

6.7.2.2　五大调

现实中的物体明暗三大面上还可以刻画出更细节的光影关系，这就是五大调（图 6-41）。

1）高光

高光是最亮的部分，不同材质的高光强度也不一样，同样强度光线情况下，越光滑的物体的高光部分越强，粗糙物体的表面则会相对柔和。

2）中间调

中间调是物体本身的固有色。

3）明暗交接线

明暗交接线是最深的部分，色深的程度与光线和物体的材质都有关系，光线越强越亮，明暗交接线越明显，如光滑的金属对比是很强烈的，棉毛制品则相对柔和。

4）反光

反光与光线强弱和材质也有关系，反光同时也受环境色的影响，越光滑的表面受环境色影响越大。

5）投影

投影与光线强弱和材质也有密切的关系，靠近物体的部分通常最深，透明物体投影相对较弱。

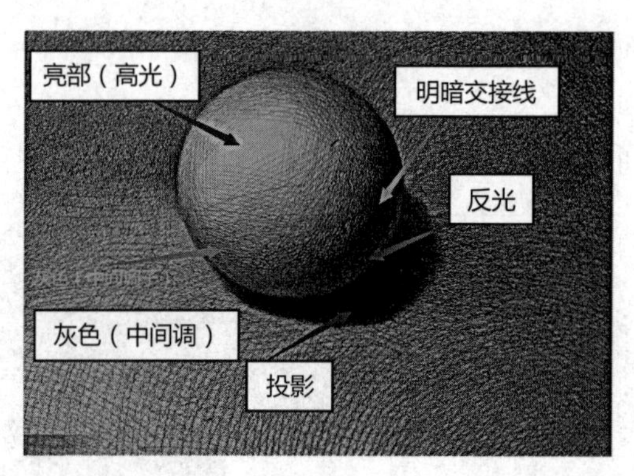

图 6-41

6.7.3 合成的棋盘布局

所谓图像合成，就是把原本不在一张图像中的物体影像拼合在同一张图像中，通过巧妙的技术使得它们像是天然就在一起。

然而我们知道，不同的照片是从不同的视角拍摄的，是有不一样的视平线，那么在进行合成的时候，合成的图片也只能有一条视平线。因此，在选择合成元素素材的时候就必须选择视角一致、视平线能够重合在一起的元素。这样合成的图像才符合透视原理，才有可能达到以假乱真的效果。把这种通过搭建一个场景使之符合透视原则的布局形式叫作棋盘布局。

想象桌子是一个棋盘，那么放在其上的物体就是棋子。底座为棋盘，元素为棋子。棋子放到棋盘上要符合透视，原理棋盘中的所有棋子都只有一个视平线。

6.7.3.1 基本透视视角

1）俯视

当眼睛向下观看，视平线高于物体的顶面时，可以看到物体的顶面，就形成了一个俯视的视角（图 6-42）。

从与视平线的位置关系来理解就是物体位于视平线下方。

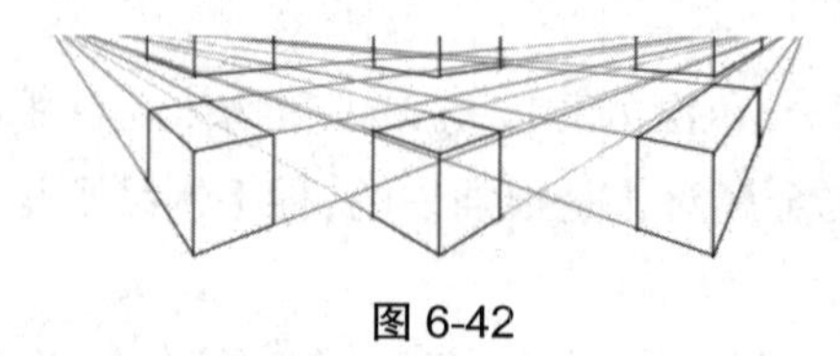

图 6-42

2）平视

当眼睛平视前方，视平线正视物体的正前方，看不到顶面也看不到底面，就是平视视角（图 6-43）。

从与视平线的位置关系来理解就是视平线穿过物体。

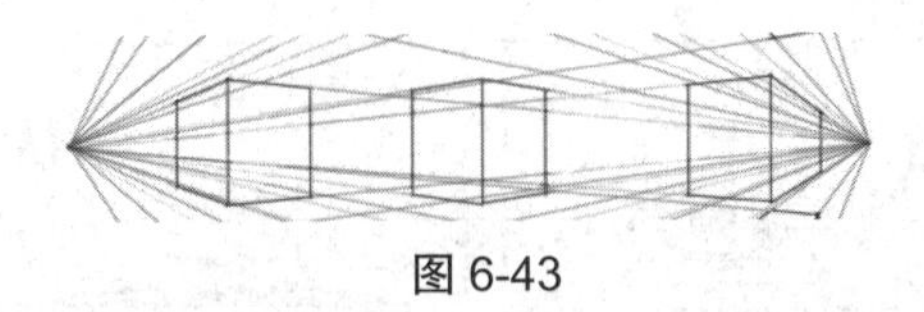

图 6-43

3)仰视

当眼睛向上看,视平线低于物体的底面时,可以看到物体的底面,就形成了仰视的视觉(图 6-44)。

从与视平线的位置关系来理解就是物体位于视平线上方。

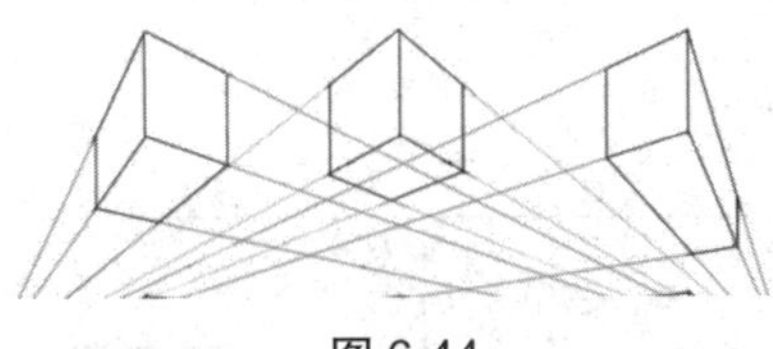

图 6-44

6.7.3.2　放到场景中的物体

物体放在场景中的角度要保证视平线重合。

图 6-45 所示的两张桌子的视平线一致吗?

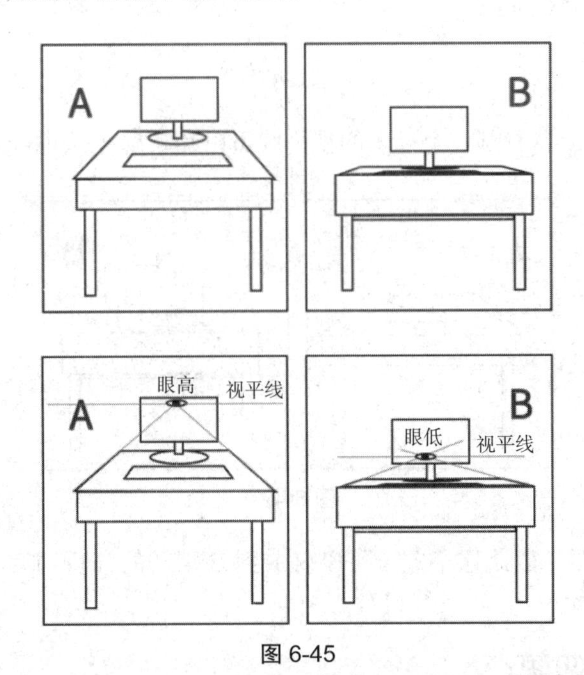

图 6-45

由图 6-45 可见,它们的视平线是不一样的。也就是说,一个的眼睛位置高,一个的眼睛位置低。

图 6-46 所示的盒子可以放到哪张桌子上呢?

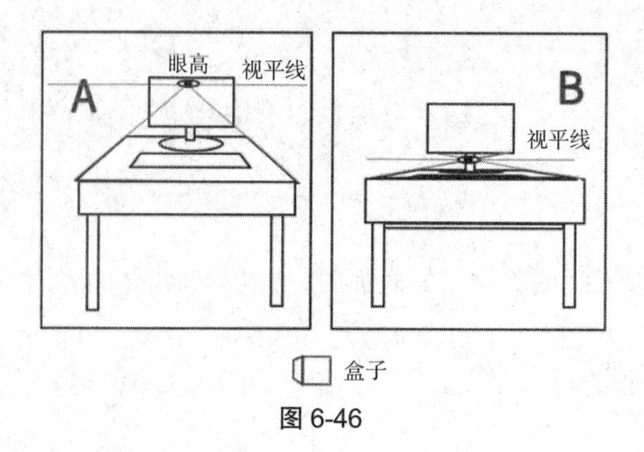

图 6-46

绘制盒子的视平线，如图 6-47 所示。

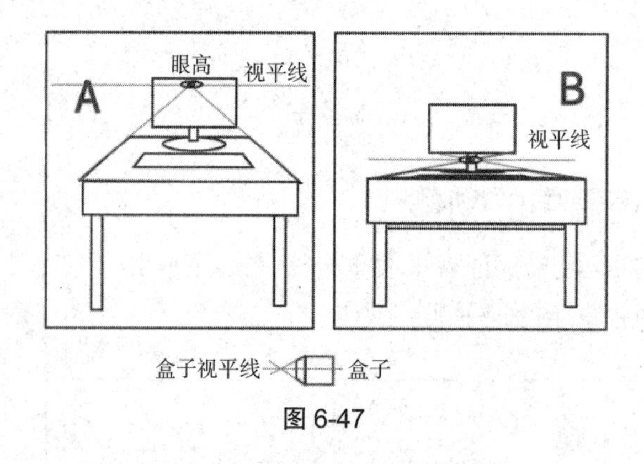

图 6-47

移动到两个桌子上看看哪一个桌子的视平线可以和它重合，如图 6-48 所示。

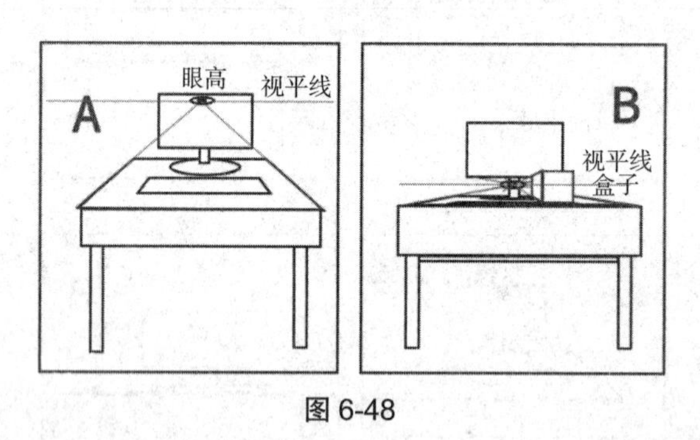

图 6-48

很显然，是 B 桌子。因此这个盒子可以合成到 B 桌子的，而不能直接合成到 A 桌子的桌面上。

6.7.3.3 透视四要点

要点一：视平线——一个画面，有且只有一条视平线。

要点二：比例——同一个物体的高度消失在同一条线上。

要点三：远近透视——空间体积感。

要点四：棋盘规则——所有物体在同一个棋盘上，也就是从盘面上垂直向上“生长”出来,而不是悬浮旋转在空中。

1)要点一:视平线

在生活中的透视是绝对准确无误的,但是我们在设计画面的时候,每一个素材都来自不同的观察角度和高度。找到每个素材的视平线,并保持一致性和逻辑关系,就是设计的核心关键。

根据素材所在的画面中提供的线索可以寻找视平线。

(1)背景线索:如图 6-49 和图 6-50 所示,根据视平线的概念、灭点的集合可以知道,海平面和地平面就是视平线。

图 6-49

图 6-50

(2)背景上的地砖等进深方向的平行线(图 6-51)。

图 6-51

（3）背景中的建筑物，建筑物上进深方向的物理平行线延长相交到灭点，过灭点的水平线就是视平线（图 6-52）。

图 6-52

（4）画面中的立方体以及所有进深方向的物理平行线。注意：轿车上面可以用轮胎做参照物（图 6-53）。

图 6-53

（5）没有什么背景，只是物品本身。这种图像的视平线一定要仔细寻找，一般还是观察物体上进深方向的平行线。

（6）圆柱体视平线的确定。从图 6-54 可以看出，越接近视平线，圆柱的截面越窄，与视平线重合的截面变成一条直线。

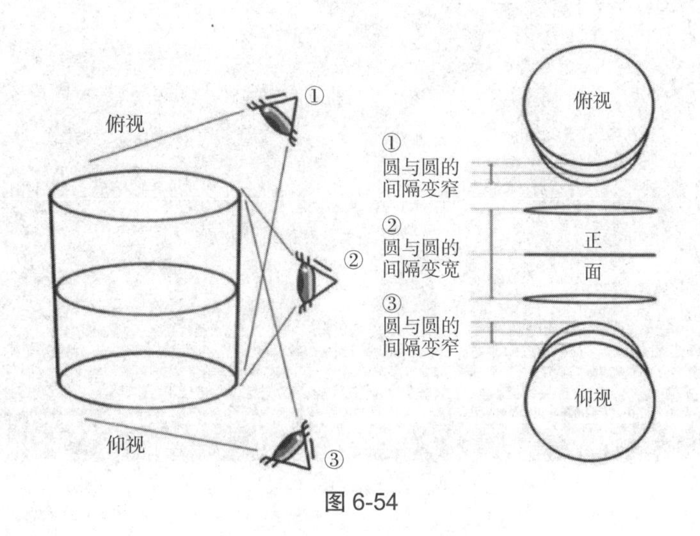

图 6-54

2）要点二：比例

定性地说，就是近大远小的比例关系，实体上同样大小的物体，离镜头越近画面呈现越大，离镜头越远画面呈现就越小。

定量地说，相同物理高度的两个点在同一条走向灭点的延长线上（图 6-55）。

图 6-55

例如图 6-56 中的人，当她离镜头比较近时，她的高度如图所示，当她走到更远的地方

（B 点）的时候，如何判断她的高度呢？

图 6-56

如图 6-57 所示，连接她的脚与 B 点并延长到视平线，找到灭点；然后连接灭点与人物的头部，在 B 点垂直向上作直线与其相交，这条线段就是人物在画面应该的高度。

图 6-57

3）要点三：远近透视

空间距离与体积感，即越近的物体透视感越强（有厚度），越远的物体透视感越弱（没有厚度）。

要点二是物体在垂直方向上的缩小表现，要点三则是在进深方向上的缩小表现，即越远的物体进深方向的厚度越小，接近地平线的建筑物几乎看不到厚度，如图 6-58 所示。

图 6-58

另外，远近透视的空间感，还表现在要留出进深的余地。当产品摆放时，重叠摆放的物体底座不可能在同一条直线上。如图 6-59 所示，左图没有体积感，是错误的；右图有明确的体积感，是正确的合成图。

图 6-59

4）要点四：棋盘规则

（1）在平行透视的棋盘上，最好放置平行透视的棋子。

（2）这些平行透视的棋子，都要和棋盘拥有一个灭点。这个灭点就是视线在画面上的交点，叫作心点。

（3）如果在平行透视的棋盘上放置成角透视的棋子，则要注意棋子的灭点要分布在心点的两侧，并且尽量远离。

（4）成角透视的棋盘上的棋子，尽量保持统一的成角角度，统一两个灭点。

（5）所有棋子的两个灭点，最多有一个在画面内。

一般认为有地面和台面的合成图片都应该遵守棋盘规则。

错误的合成效果如图 6-60 至图 6-62 所示。

（视平线不统一）

图 6-60

（视平线不统一）

图 6-61

（不正确的空间位置,视平线不统一）

图 6-62

优秀的合成案例欣赏如图 6-63 和图 6-64 所示。

图 6-63

图 6-64

第 7 课

我手绘我心——插画绘制

目标

在本课,读者将学到:

√ 钢笔工具的使用方法;

√ 画笔工具的使用方法;

√ 利用钢笔工具与画笔预设方法绘制插画。

7.1 开始

1)钢笔工具

钢笔工具是进行矢量绘制的工具。

2)画笔工具

画笔工具是位图形式的绘图工具。

3)画笔预设

对画笔进行样式预设,可以得到不同肌理与图案的画笔效果。

7.2 示范项目一:使用钢笔工具绘制枫叶

课前思考:

平时看到的产品包装上的卡通图案有哪些是软件制作的?

7.2.1 问题陈述

现有一幅枫叶秋景图(图 7-1,附录 2 彩图附-33),思考一下这些枫叶是怎样绘制出来的,并进行绘制。

图 7-1

7.2.2　准备工作

计划:

任务　分析图画特征,选择合适工具

实施:

任务　分析图画特征,选择合适工具

任务说明	解决思路	结果
分析图画特征,选择合适工具	(1)判断画面中枫叶的特征,是3D 风格,还是 2D 风格; (2)判断画面是否有清晰的边缘勾线; (3)判断钢笔工具与画笔工具哪个更适合绘制这种图画	(1)该图画为 2D 风格的卡通图画; (2)有清晰的边缘勾线; (3)可以使用钢笔工具勾画,再进行填色

7.2.3　实施解答

计划:

任务 1　新建 Photoshop 文件

任务 2　绘制外形

任务 3　枫叶上色

任务 4　图像输出

实施:

任务 1　新建 Photoshop 文件

任务说明	解决思路	结果
新建 Photoshop 文件	新建一个 Photoshop 文件,宽度 × 高度为 1024 px × 1080 px,分辨率为 72 px,文件命名为姓名-项目 7.psd	文件建立成功,文件命名正确

任务2 绘制外形

任务说明	解决思路	结果
选择钢笔工具对外形进行绘制	使用钢笔路径绘制一个枫叶外形,注意锚点的调节和线条的弧线,尽量做到流畅美观	效果图(图7-2) 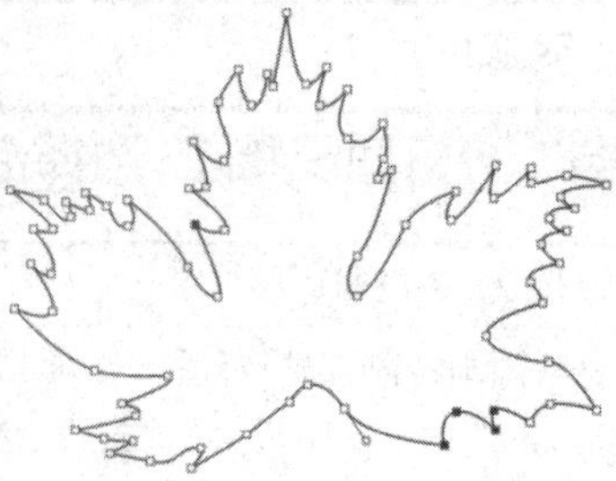 图7-2

任务3 枫叶上色

任务说明	解决思路	结果
使用渐变色填充的方法为枫叶上色	(1)路径转选区并填入渐变色; (2)勾画叶脉	效果图(图7-3至图7-5)  图7-3  图7-4  图7-5

任务 4　图像输出

任务说明	解决思路	结果
根据使用需要输出恰当大小与分辨率的图像文件	幅面不变，分辨率不变，以 png 格式导出图像	按照正确的格式导出图像文件，并上传到线上作业中

7.2.4　再想一想

（1）钢笔工具中，形状与路径的区别有哪些？

（2）路径的特点是什么？

（3）路径转化为选区有几种方式？

7.3　实践项目一：卡片绘制

7.3.1　问题陈述

请根据图 7-6 进行临摹绘制。

图 7-6

7.3.2 准备工作

计划：

任务

实施：

任务

任务说明	解决思路	结果

7.3.3 实施解答

计划：

任务 1

任务 2

实施：

任务 1

任务说明	解决思路	结果

任务 2

任务说明	解决思路	结果

7.4　示范项目二：使用画笔预设绘制大量的枫叶

课前思考：

当我们在海报中看到一个造型优美的笔触效果时，想一想它是 PS 中自带的还是设计师设计创造的？

7.4.1　问题陈述

图 7-7 中有许多的美丽枫叶，如何快速把它们绘制出来？

图 7-7

7.4.2 准备工作

计划:

任务 分析图像,思考使用哪些工具与技法完成绘制

实施:

任务 分析图像,思考使用哪些工具与技法完成绘制

任务说明	解决思路	结果
分析图像,思考使用哪些工具与技法完成绘制	分析重复图形如何处理	(1)预设一个画笔; (2)应用这个画笔

7.4.3 实施解答

计划:

任务 1 找到用钢笔绘制的图案

任务 2 对此图案进行定义画笔预设

任务 3 画笔属性设置

实施:

任务 1 找到用钢笔绘制的图案

任务说明	解决思路	结果
找到用钢笔绘制的图案	新建文件,打开之前使用钢笔工具绘制的枫叶图片	已打开需要设计的图片

任务 2 对此图案进行定义画笔预设置

任务说明	解决思路	结果
对此图案进行定义画笔预设	利用之前绘制的枫叶形状定义一个预设画笔	完成自定义画笔(图 7-8) 图 7-8

任务3 画笔属性设置

任务说明	解决思路	结果
画笔属性设置	调整画笔参数,测试画笔效果	效果图(图7-9)  图7-9

7.4.4 再想一想

(1)如何自定义画笔?

(2)如何调整画笔设置参数?

7.5 示范项目三:钢笔+画笔工具绘制插画

课前思考:

怎样结合运用钢笔工具和画笔工具?请举例说一说。

7.5.1 问题陈述

综合运用学习过的技法绘制枫叶秋景图(图7-10)。

图 7-10

7.5.2 准备工作

计划:

任务 分析思考

实施:

任务 分析思考

任务说明	解决思路	结果
分析思考	(1)图像特征分析; (2)重复图形如何处理	(1)2D 图形,可以使用钢笔绘制; (2)枫叶使用画笔预设,设计一个画笔,然后进行绘制

7.5.3　实施解答

计划:

任务 1　新建 Photoshop 文件

任务 2　图像绘制

任务 3　图像输出

实施:

任务 1　新建 Photoshop 文件

任务说明	解决思路	结果
新建 Photoshop 文件	新建一个 Photoshop 文件,宽度 × 高度为 1024 px × 768 px,分辨率为 72 px,文件命名为姓名-7.psd	文件建立成功,文件命名正确

任务 2　图像绘制

任务说明	解决思路	结果
图像绘制	(1)选择钢笔工具绘制山与树干(图 7-11); 图 7-11 (2)选择画笔工具,调整好笔触,绘制树冠、树叶,利用钢笔工具绘制云朵,最后结合钢笔、画笔、橡皮等工具进行微调	效果图(图 7-12) 图 7-12

任务 3　图像输出

任务说明	解决思路	结果
图像输出	幅面不变,分辨率不变,以 png 的格式导出图像	按照正确的格式导出图像文件,并上传到线上作业中

7.5.4 再想一想

（1）钢笔工具中，形状与路径有什么区别？

（2）路径的特点是什么？

（3）路径转化为选区有几种方式？

7.6 实践项目二：卡通小狗的绘制

7.6.1 问题陈述

利用钢笔工具绘制卡通小狗（图7-13）（彩图见附录2 彩图附-34）

图7-13

7.6.2 准备工作

计划：

任务 分析如何绘制

实施：

任务　分析如何绘制

任务说明	解决思路	结果
分析如何绘制	图形特征思考	2D 图，用钢笔绘制

7.6.3　实施解答

计划：

任务 1

任务 2

实施：

任务 1

任务说明	解决思路	结果

任务 2

任务说明	解决思路	结果

7.7 示范项目四：画展图标设计

7.7.1 问题陈述

为油画展设计一个图标。

7.7.2 准备工作

计划：

任务 1 设计定位

任务 2 素材收集

实施：

任务 1 设计定位

任务说明	解决思路	结果
通过在网上寻找标杆图与实物图，明确设计风格与图标的大体形式	（1）在网上查找一些关于油画和画展的资料，思考相关的元素都有哪些； （2）因为需要一个油画展的图标，所以考虑设计一个镶嵌了油画的木制画框	设计制作一个略带扁平化的拟物图标，元素是木制画框的一幅油画（图 7-14 和图 7-15） 图 7-14 图 7-15

任务 2 素材收集

任务说明	解决思路	结果
收集准备设计制作中需要的素材图片	（1）画框为木制画框，因此需要收集一些木纹肌理的图片； （2）寻找一些古典油画图片	（1）找到多款比较细腻精致的木纹肌理图； （2）找到一些典型的油画图片

7.7.3　实施解答

计划：

任务 1　设计草图绘制

任务 2　外形制作

任务 3　填充材质

任务 4　立体效果绘制

任务 5　添加油画

任务 6　制作一个挂在墙上的展示效果

实施：

任务 1　设计草图绘制

任务说明	解决思路	结果
通过绘制草图，明确图标的基本形态	根据标杆图和实物照片，绘制画框草稿，因为需要设计的是图标，故而把它制作成圆角矩形，通过绘制明确画框进行基本表现	效果图（图 7-16） 图 7-16

任务 2　外形的制作

任务说明	解决思路	结果
在 PS 中进行外形的制作	（1）图像大小 1920 px × 1080 px； （2）图标大小 600 px × 600 px； （3）使用圆角矩形绘制，由外到内，依次绘制 4 个圆角矩形 注意：圆角的半径应根据向内缩小的程度改变数值，并依次变小，确保转角处平稳过渡	效果图（图 7-17） 圆角半径：80 px 圆角半径：60 px 圆角半径：40 px 圆角半径：20 px 图 7-17

任务 3　填充材质

任务说明	解决思路	结果
为画框填充木纹材质	（1）在素材网站上下载一个恰当的木纹肌理图片； （2）使用剪贴蒙版功能嵌套在对应的两个圆角矩形内，挪动位置角度，使得它们的肌理有一定区分（图 7-18 和图 7-19） 图层 3 圆角矩形 1 图 7-18 图层 3 拷贝 圆角矩形 1 拷贝 图 7-19	效果图（图 7-20） 图 7-20

任务 4　立体效果绘制

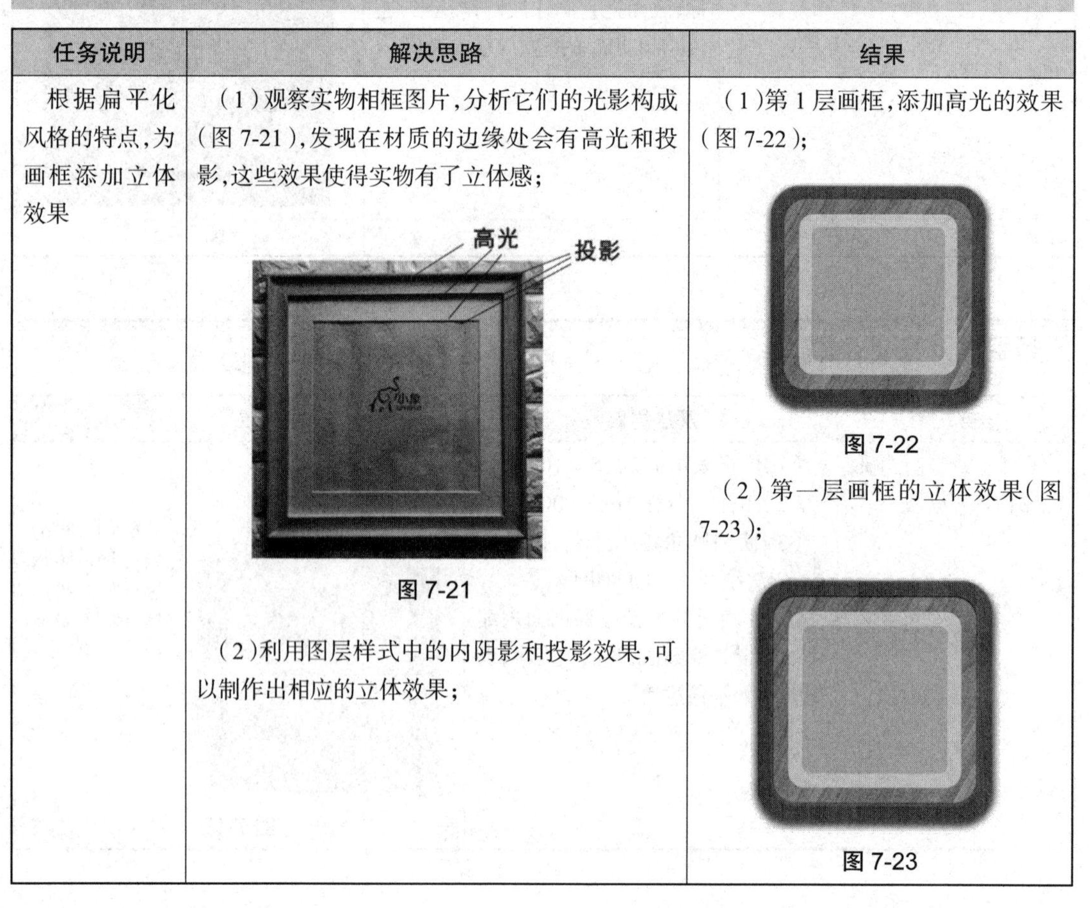

任务说明	解决思路	结果
根据扁平化风格的特点，为画框添加立体效果	（1）观察实物相框图片，分析它们的光影构成（图 7-21），发现在材质的边缘处会有高光和投影，这些效果使得实物有了立体感； 高光 投影 图 7-21 （2）利用图层样式中的内阴影和投影效果，可以制作出相应的立体效果；	（1）第 1 层画框，添加高光的效果（图 7-22）； 图 7-22 （2）第一层画框的立体效果（图 7-23）； 图 7-23

任务说明	解决思路	结果
	（3）使用颜色叠加可以使得木材纹理变暗，为之后的高光做准备（图 7-24）； 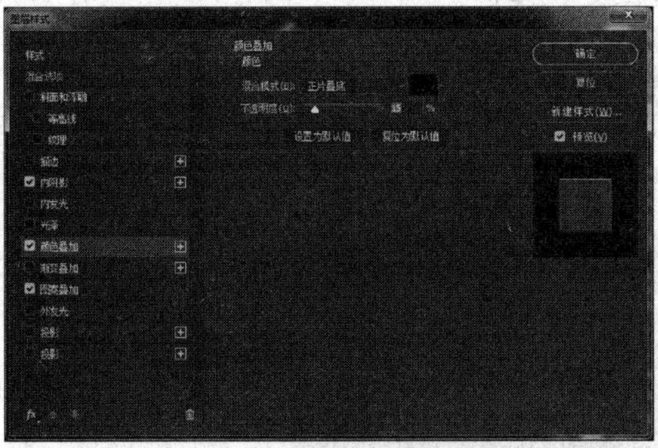 图 7-24 （4）设置一个比材质浅的颜色做内阴影，就可产生高光的效果（图 7-25）； 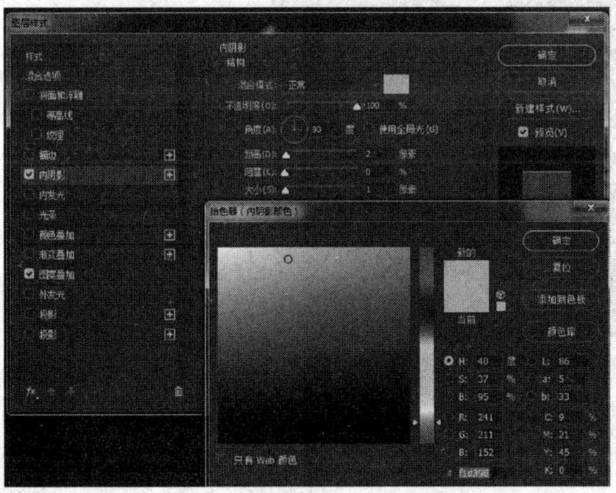 图 7-25 （5）添加一个投影效果，使得画框从背景上浮起来（图 7-26）； 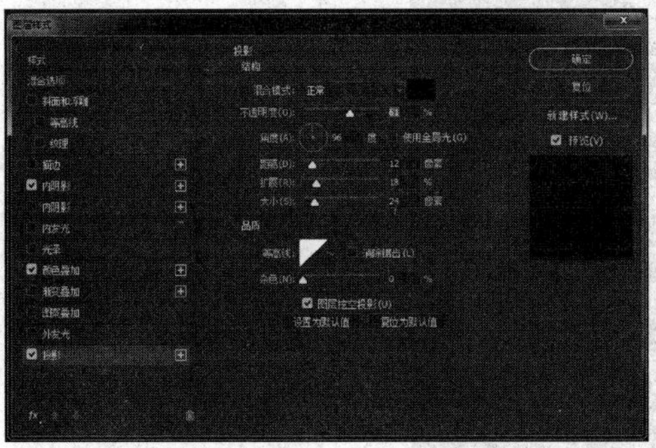 图 7-26	（3）各层画框完成立体效果设置（图 7-27）  图 7-27

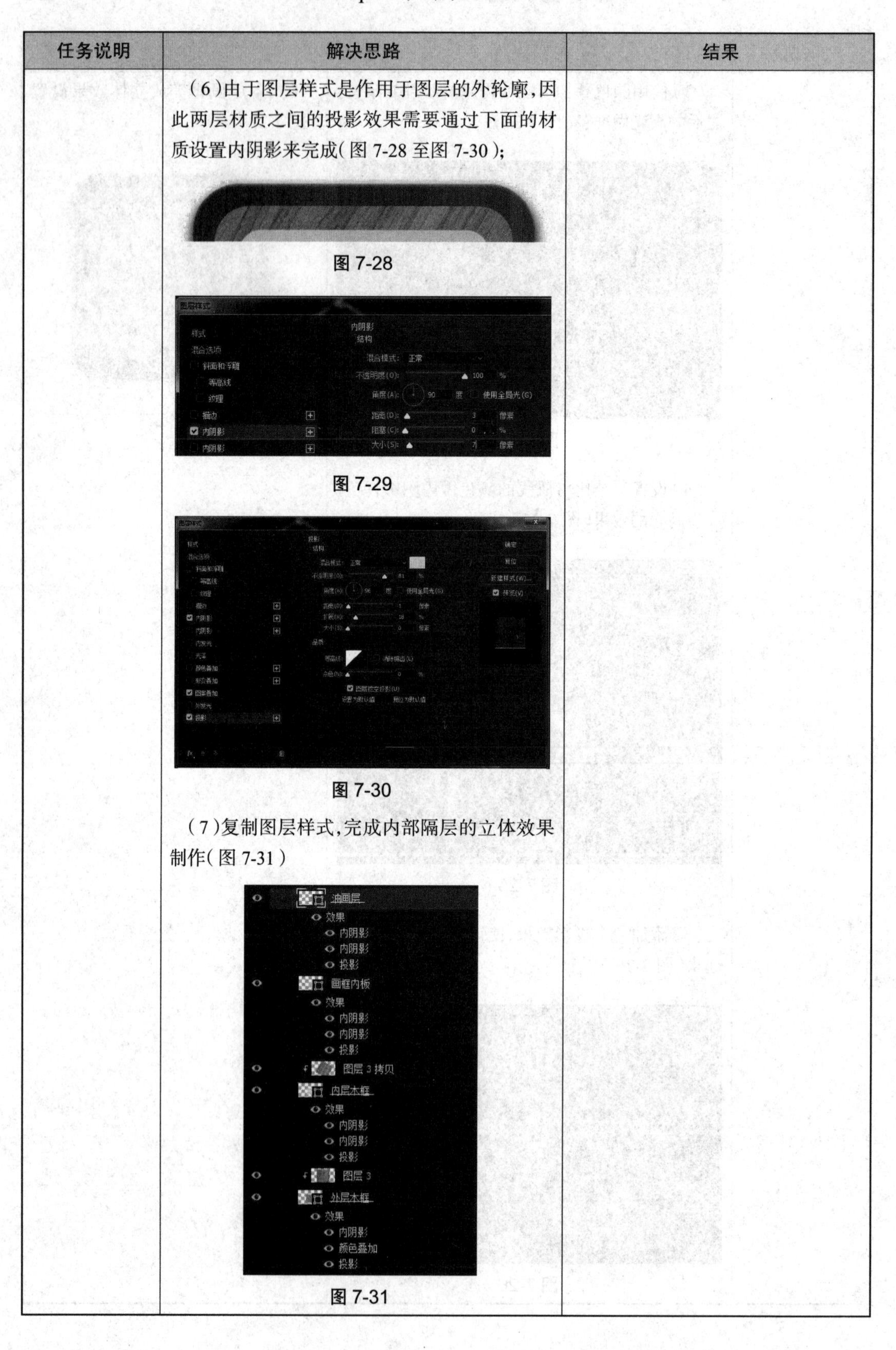

任务说明	解决思路	结果
	（6）由于图层样式是作用于图层的外轮廓，因此两层材质之间的投影效果需要通过下面的材质设置内阴影来完成（图 7-28 至图 7-30）； 图 7-28 图 7-29 图 7-30 （7）复制图层样式，完成内部隔层的立体效果制作（图 7-31） 图 7-31	

任务 5　添加油画

任务说明	解决思路	结果
添加油画	在素材网站上下载一个恰当的油画图片，使用剪切蒙版嵌套在油画层的圆角矩形中（图 7-32） 画框 图层 4 油画层 图 7-32	效果图（图 7-35） 图 7-33

任务 6　制作一个挂在墙上的展示效果

任务说明	解决思路	结果
绘制金属钉子和绳子，制作把画框挂在墙上的效果	（1）找一些绳子的图片，观察其样子（图 7-34）； （2）使用钢笔绘制绳子的一股，设置图层样式渐变叠加为中间亮，边角暗（图 7-35）； 图 7-34　图 7-35 （3）复制并排列整齐，成为一根绳子（图 7-36）； 图 7-36 （4）把所有的“股”群组，并转换成智能对象（图 7-37）； 绳子 图 7-37	

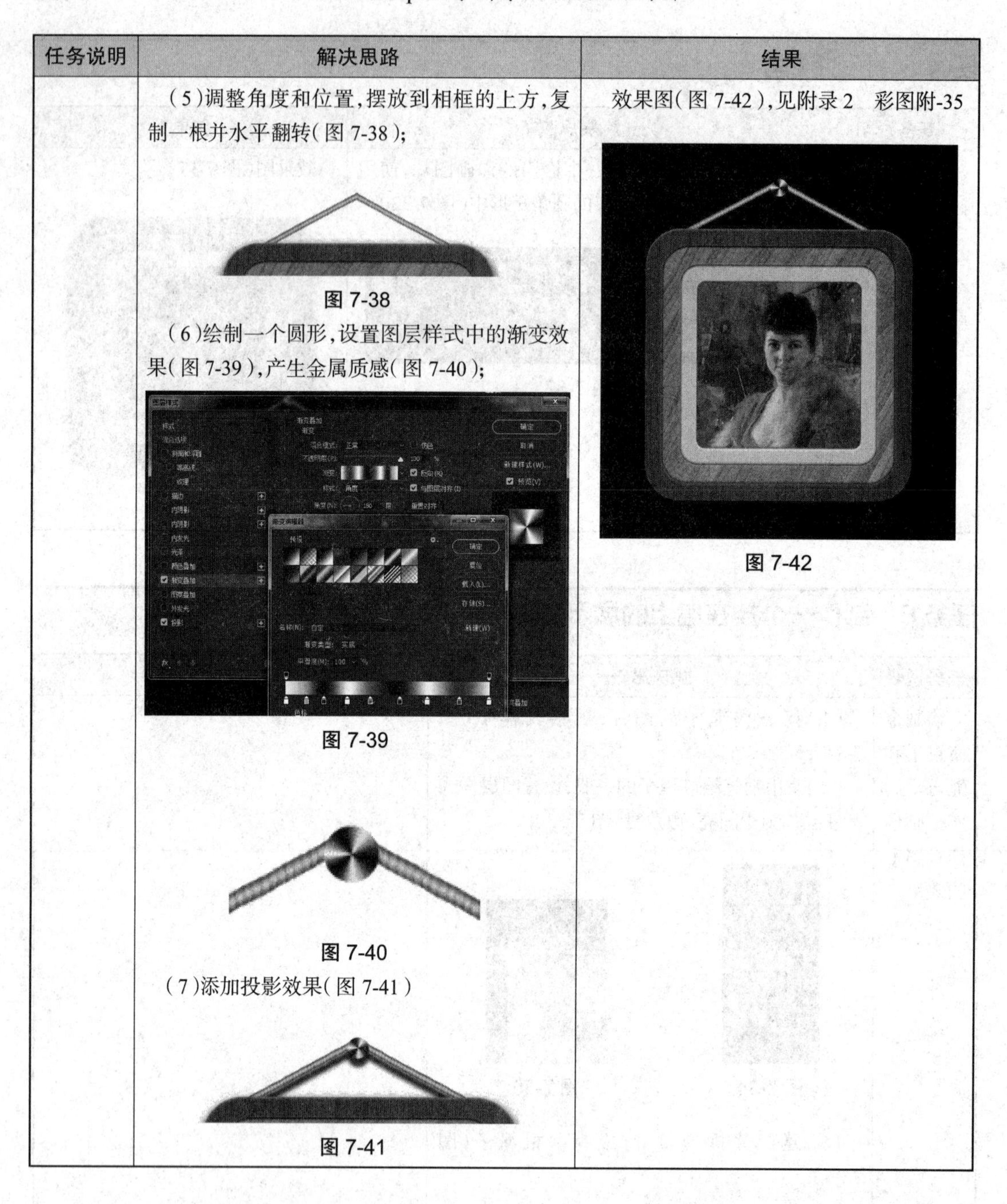

任务说明	解决思路	结果
	（5）调整角度和位置，摆放到相框的上方，复制一根并水平翻转（图 7-38）； 图 7-38 （6）绘制一个圆形，设置图层样式中的渐变效果（图 7-39），产生金属质感（图 7-40）； 图 7-39 图 7-40 （7）添加投影效果（图 7-41） 图 7-41	效果图（图 7-42），见附录 2 彩图附-35 图 7-42

7.8 示范项目五：冰淇淋图标制作

7.8.1 问题陈述

7.8.2 准备工作

7.8.3 实施解答

7.8.4 再想一想

7.8.1　问题陈述

看一组漂亮的图标（图 7-43），这些图标是如何设计制作出来的呢？是否也可以制作一个类似的冰淇淋图标？

图 7-43

7.8.2　准备工作

计划：

任务　图标特征分析

实施：

任务　图标特征分析

任务说明	解决思路	结果
从设计表现手法上分析图标的制作特征，明确制作方法	（1）思考图标的风格； （2）观看细节，确定什么软件可以完成	（1）扁平化的卡通风格； （2）使用 PS 软件制作

7.8.3　实施解答

计划：

任务 1　设计草图绘制
任务 2　外形描摹
任务 3　立体效果绘制
任务 4　整体调整

实施:

任务 1 设计草图绘制

任务说明	解决思路	结果
根据设计效果图绘制草图,训练手绘表达立体效果的能力	根据这个形象手绘草稿,注意绘制出立体层次感	效果图(图 7-44) 图 7-44

任务 2 外形描摹

任务说明	解决思路	结果
在 PS 中描摹铅笔稿	使用铅笔工具,仔细描摹冰淇淋图标的基本外形,使用形状工具把每一部分分别绘制出来	效果图(图 7-45) 图 7-45

任务说明	解决思路	结果
	为甜筒添加纹理： （1）绘制矩形块； （2）设置图层样式（图 7-46 至图 7-48），添加内阴影、颜色叠加和投影； 注意，这里的投影设置的是一个浅淡的颜色表现反光，最终的效果产生凹陷的纹理质感 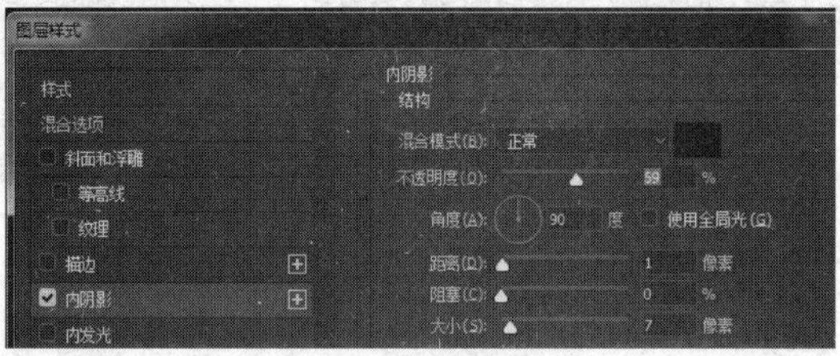 图 7-46 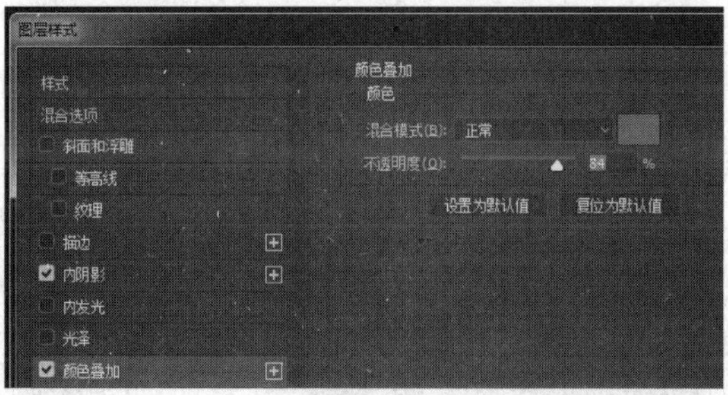 图 7-47 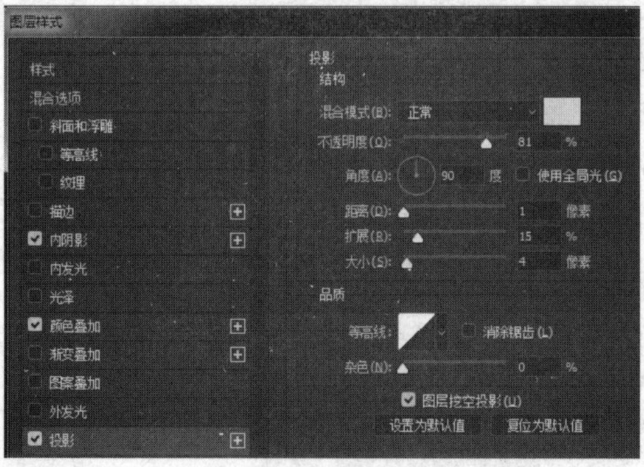 图 7-48	效果图（图 7-49 和图 7-50）  图 7-49  图 7-50

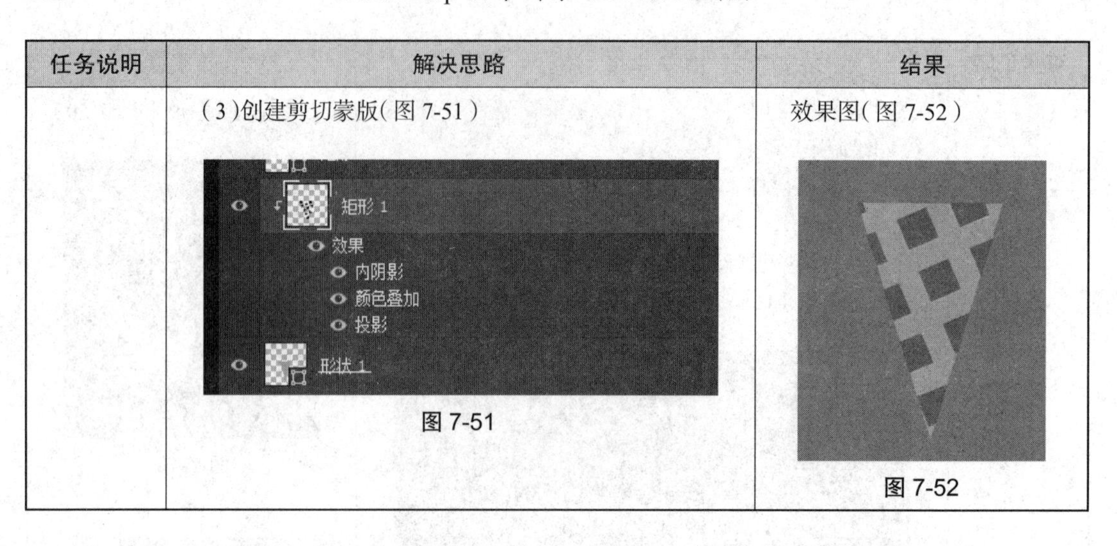

任务说明	解决思路	结果
	(3)创建剪切蒙版(图 7-51) 图 7-51	效果图(图 7-52) 图 7-52

任务 3　立体效果绘制

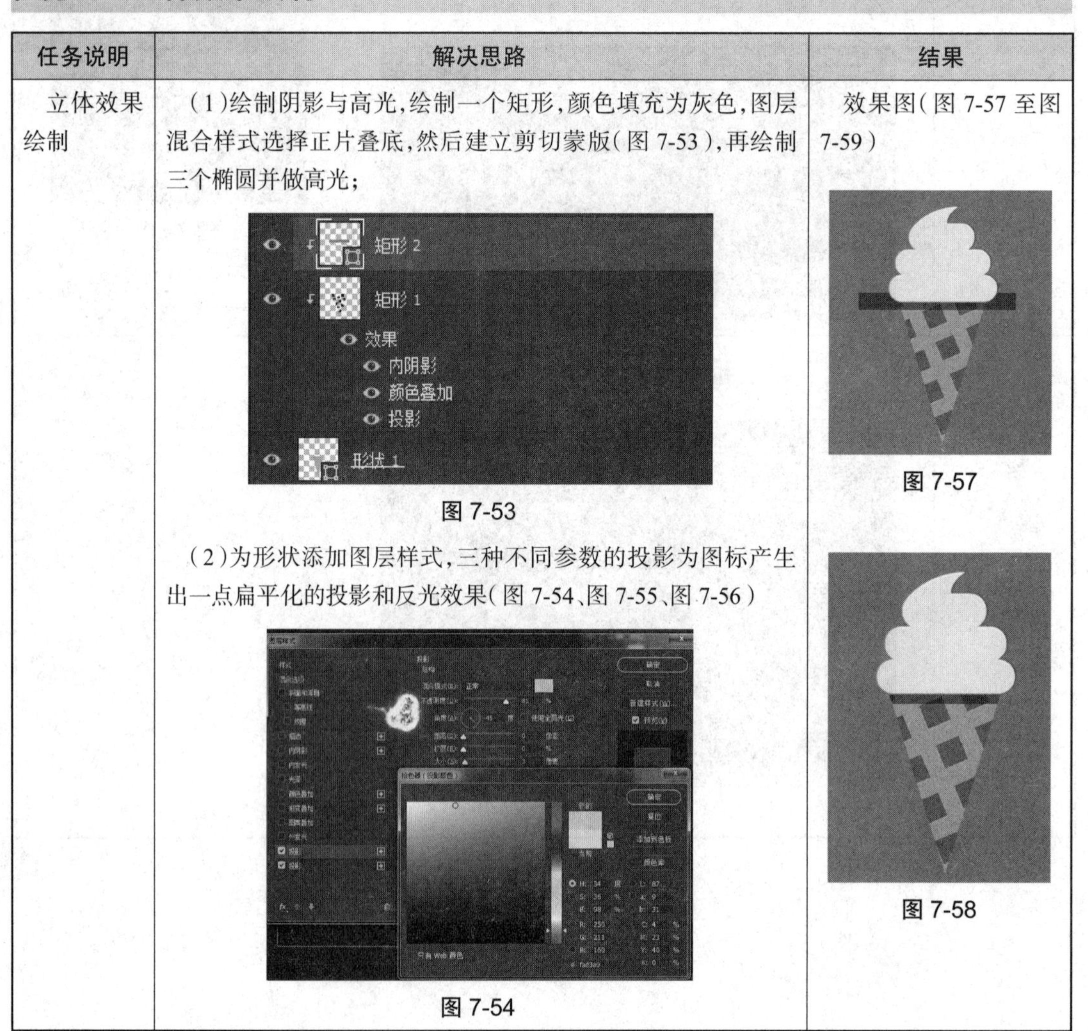

任务说明	解决思路	结果
立体效果绘制	(1)绘制阴影与高光,绘制一个矩形,颜色填充为灰色,图层混合样式选择正片叠底,然后建立剪切蒙版(图 7-53),再绘制三个椭圆并做高光; 图 7-53 (2)为形状添加图层样式,三种不同参数的投影为图标产生出一点扁平化的投影和反光效果(图 7-54、图 7-55、图 7-56) 图 7-54	效果图(图 7-57 至图 7-59) 图 7-57 图 7-58

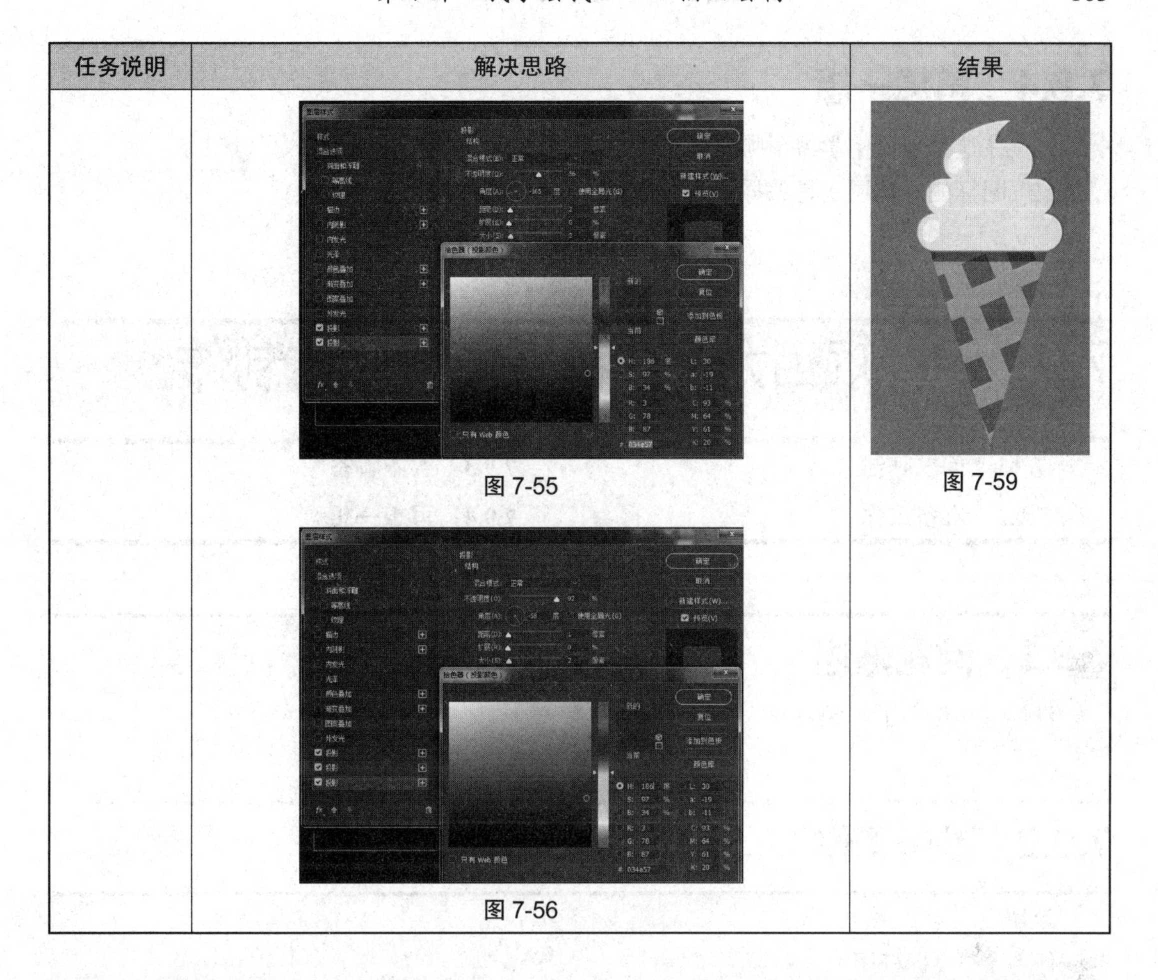

任务说明	解决思路	结果
	图 7-55 图 7-56	图 7-59

任务 4　整体调整

任务说明	解决思路	结果
检查绘制不恰当的地方，调整整体色调的统一性等		效果图(图 7-60)，见附录 2　彩图附-36 图 7-60

7.8.4 再想一想

（1）在这个项目中学习了哪些效果的制作技巧？

（2）图标的立体层次是怎样表现出来的？

7.9 示范项目六：动物图标设计与制作

7.9.1 问题陈述

设计一个鲸鱼的形象图标。

7.9.2 准备工作

计划：

任务 1 找标杆图

任务 2 风格定位

实施：

任务 1 找标杆图

任务说明	解决思路
下载动物主题的图标	在一些优秀的设计网站寻找一些动物图标
结果	
效果图（图 7-61 至图 7-65）  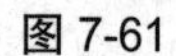 图 7-61  图 7-62  图 7-63	

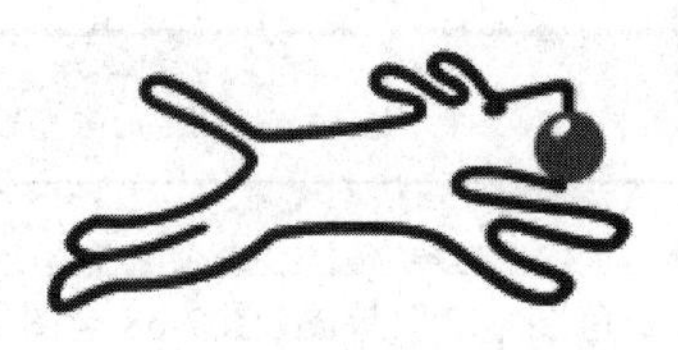

图 7-64

图 7-65

任务 2　风格定位

任务说明	解决思路
选择喜欢的设计风格	设计风格决定之后，思考创作需要使用的设计手法和技巧。根据当前图标的流行趋势，选择有一定扁平化风格的渐变填充类型的图标作为本次图标设计的样式参考

结果
效果图（图 7-66 和图 7-67）

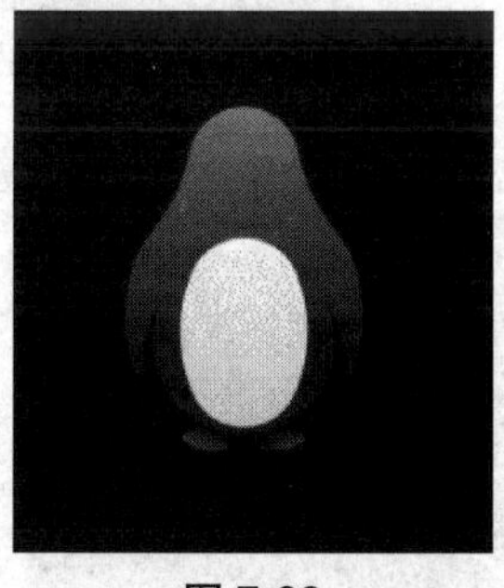

图 7-66

图 7-67

7.9.3　实施解答

计划：

任务 1　设计草图绘制

任务 2　外形描摹上色

实施：

任务 1　设计草图绘制

任务说明	解决思路	结果
通过绘制草稿，明确图标的基本形象	（1）在网上查看大量的鲸鱼图片，找到一个外形清晰、饱满、富有动态特征的照片； （2）根据这个形象手绘草稿	效果图（图 7-68 至图 7-70）  图 7-68  图 7-69
结果		
 图 7-70		

任务 2　外形描摹上色

任务说明	解决思路
外形描摹上色	（1）使用钢笔工具，仔细描摹鲸鱼的形状； （2）使用渐变工具上色

结果

效果图(图 7-71),见附录 2　彩图附-37

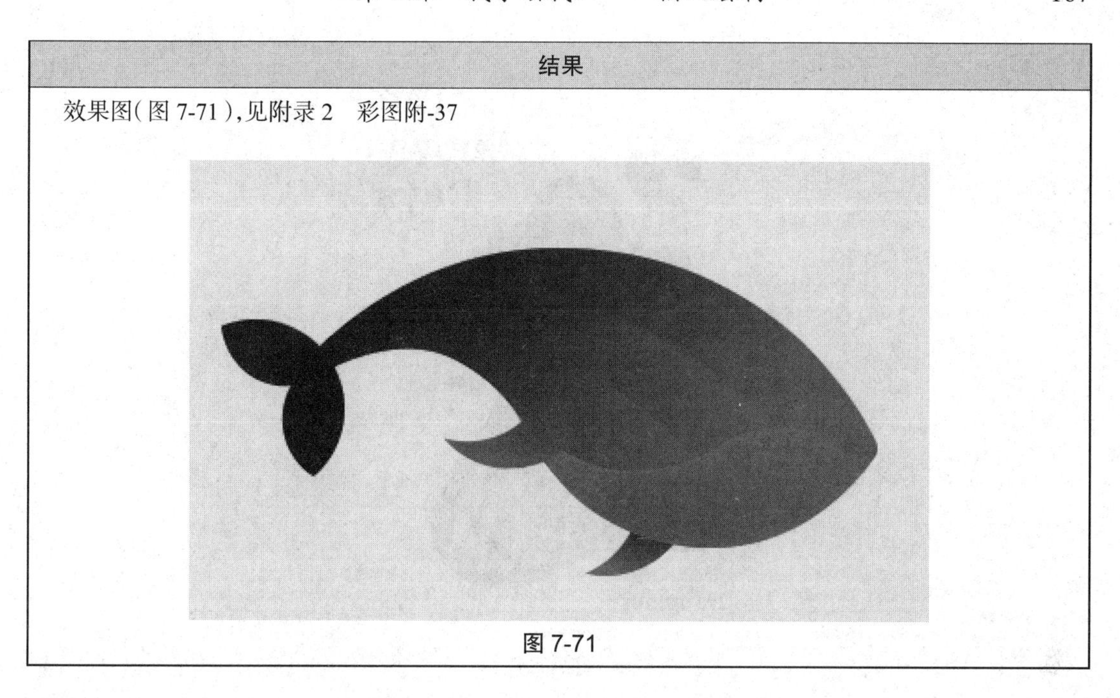

图 7-71

7.9.4　再想一想

(1)这个项目为我们提供了怎样的设计创意思路?

(2)如何得到圆润、顺滑、饱满的线条?

7.10　示范项目七:制作剪纸效果招贴画

7.10.1　问题陈述

使用给定的素材(图 7-72),合成一幅剪纸效果招贴画,见附录 2　彩图附-38。

图 7-72

7.10.2 准备工作

计划:

任务 观察图片并思考合成步骤

实施:

任务 观察图片并思考合成步骤

任务说明	解决思路
观察参考图,思考主要的剪纸效果凹凸感是如何制作的,需要使用图层样式中的哪些命令,并尝试制作	(1)使用钢笔工具绘制每一层的路径; (2)思考并尝试调整图层关系,使用正确的图层关系得到参考图的效果; (3)使用图层样式中的颜色叠加、图案叠加和阴影或者内阴影命令,调节相关参数,得到参考图中最主要的凹凸效果; (4)挑选适合的纹理素材,提前导入定义图案; (5)使用画笔工具调节相关设置绘制雪花图层; (6)使用文字工具添加文字内容

7.10.3　实施解答

计划：

任务 1　建立 PS 文件，调整图层关系

任务 2　形状绘制

任务 3　图层样式的应用

任务 4　细书添加和美化

任务 5　保存文件，正确输出图片文件

任务 1　建立 PS 文件，调整图层关系

任务说明	解决思路	结果
建立 PS 文件，确定文件大小，并把素材整合到文件中	（1）创建 A4 大小的空白文档，分辨率为 100 dpi，白色背景； （2）解锁背景图层，并新建一个空白图层，填充为红色； （3）使用钢笔工具绘制第一个不规则路径（图 7-73）； 图 7-73 （4）单击右键将路径转换为选区，并在白色图层上进行删除（Delete）的操作，透出下面红色的图层，效果如图 7-74 所示； 图 7-74	调整好初步的图层关系，白色图层在最上方，下面透出其他的各个红色图层效果，白色层形成一种“遮罩”的效果，为接下来的多个图层效果制作打好基础

任务 2　形状绘制

任务说明	解决思路	结果
（1）使用钢笔工具绘制多层不规则形状的路径，并在路径面板保存各个路径； （2）将绘制好的路径依次转换成选区，并分别在新建的图层中填充成不同的颜色，用以区分不同的图层	（1）使用钢笔工具按照参考图的多个图层关系绘制多个不同的路径（图 7-75 至图 7-78）； 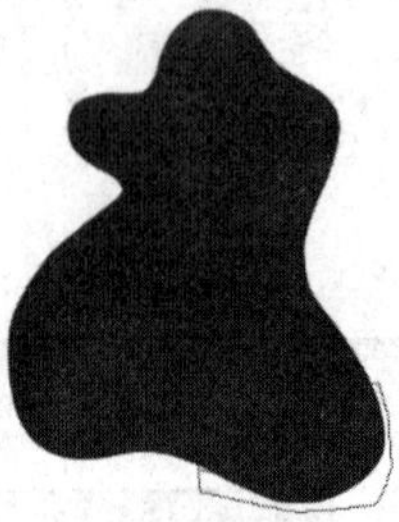 图 7-75 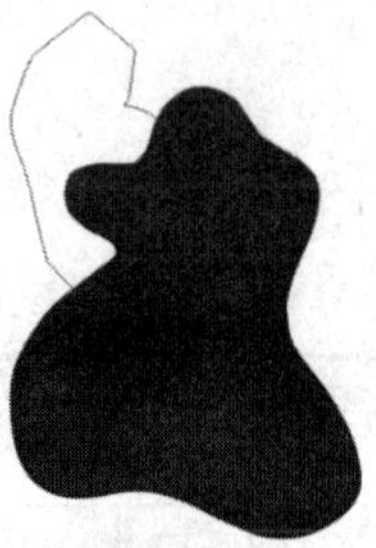　图 7-76 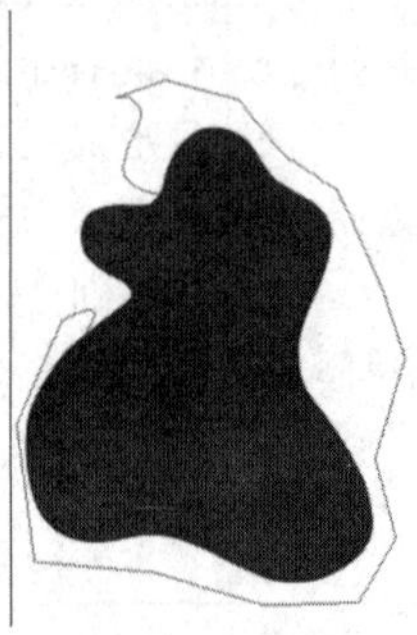 图 7-77 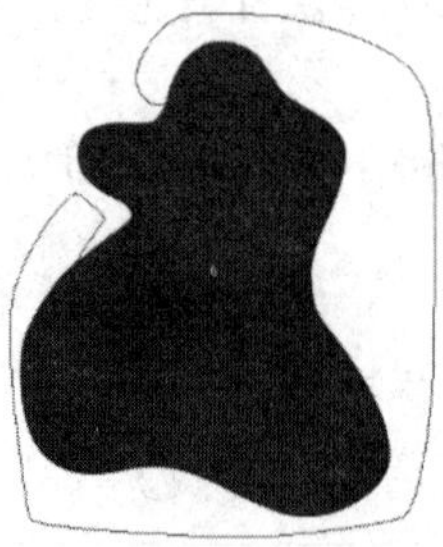　图 7-78 （2）在路径面板分别对每个路径进行保存（图 7-79）； 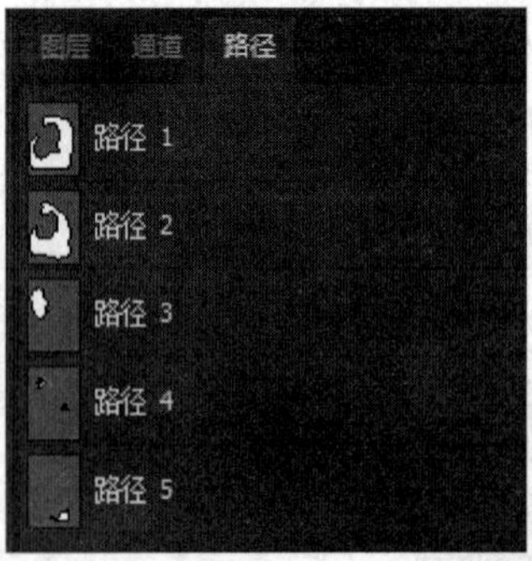 图 7-79 （3）注意各个路径之间不要穿插，并且每个路径都是闭合路径；	

任务说明	解决思路	结果
	（4）除一开始绘制的白色图层上的路径以外，一共绘制五个闭合路径（图 7-80）； 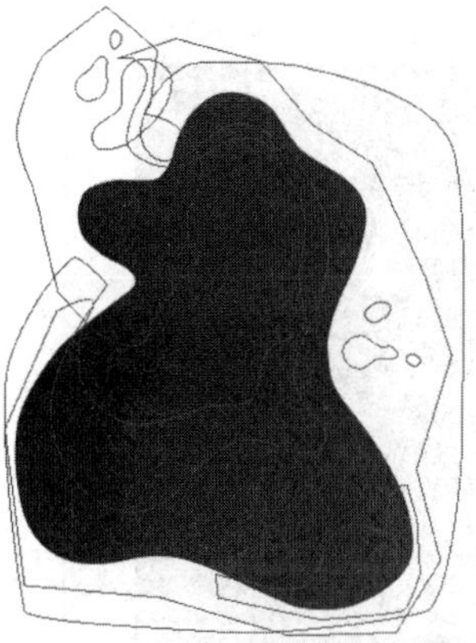 图 7-80 （5）在图层面板新建 4 个空白图层，分别命名为一、二、三、四，依次将 4 个路径在 4 个图层中填充任意的不同颜色，用以区分并方便接下来的制作； （6）路径五直接转换成选区，在白色图层上进行删除（Delete）操作	使用不同的色彩给各个图层做了区分，能够比较直观地看到各个图层之间的关系，便于理解本项目的制作原理，也方便接下来的剪纸效果制作（图 7-81） 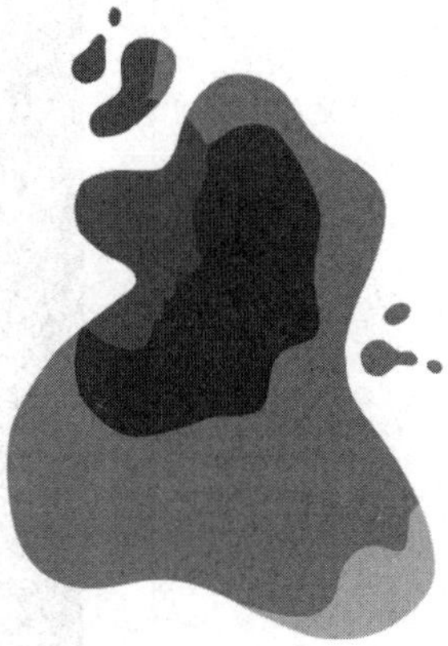 图 7-81

任务 3　图层样式的应用

任务说明	解决思路	结果
（1）挑选适合的纹理素材，定义图案； （2）按照从外至内的顺序依次打开图层的图层样式面板，调节相关参数，得到凹凸效果； （3）调整各个图层的图层样式参数，尝试得到最接近参考图的效果	（1）参考图上的红色部分，仔细观察会发现不是单纯的色彩，还有一些非常明显的颗粒感，需要使用图案叠加达到类似效果，首先挑选适合的纹理素材并在 PS 中打开，选择“编辑”中的定义图案命令，将纹理素材定义到图案当中，方便从图层样式中直接使用（图 7-82）；  图 7-82	

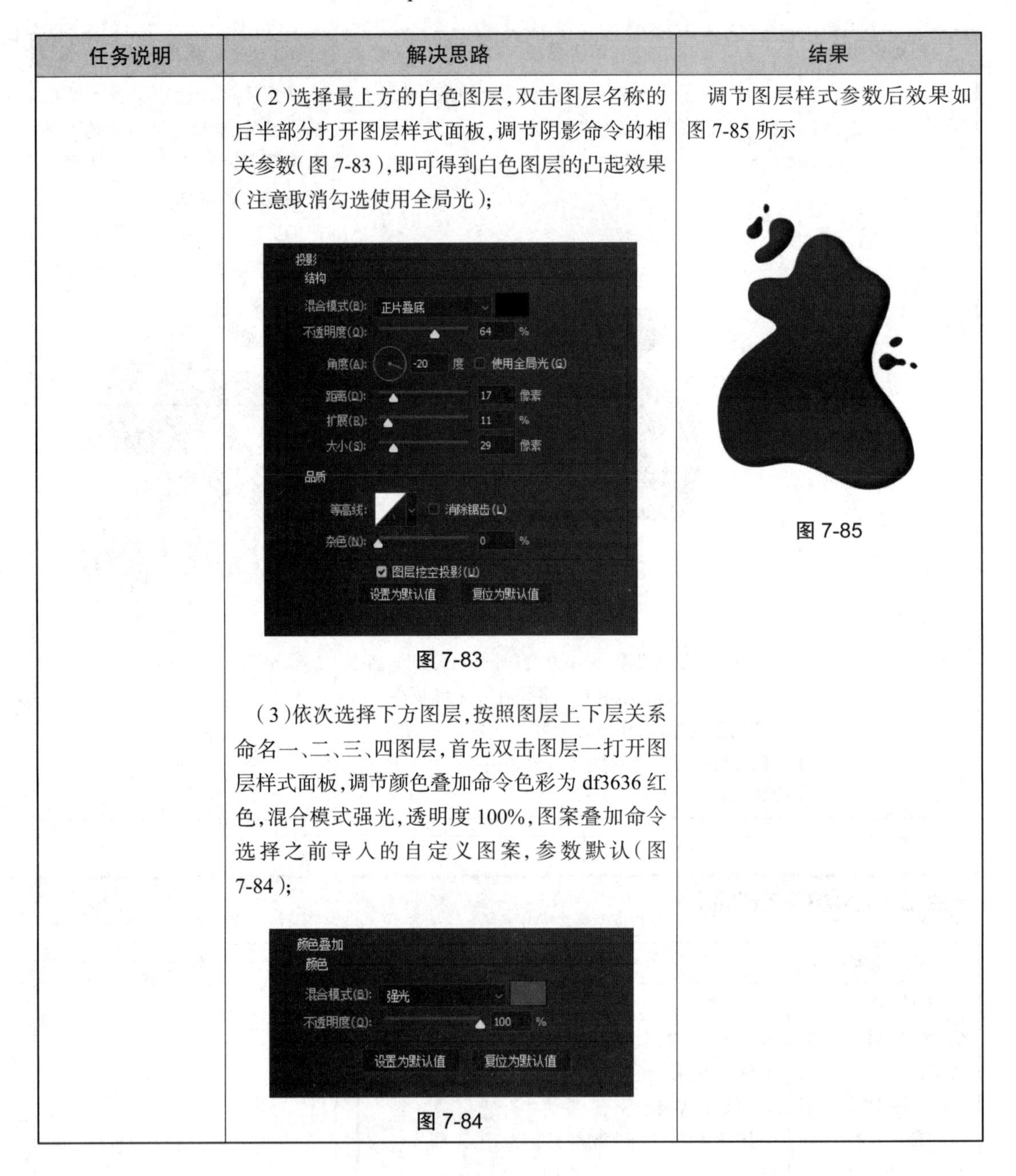

任务说明	解决思路	结果
	（2）选择最上方的白色图层，双击图层名称的后半部分打开图层样式面板，调节阴影命令的相关参数（图 7-83），即可得到白色图层的凸起效果（注意取消勾选使用全局光）； 图 7-83 （3）依次选择下方图层，按照图层上下层关系命名一、二、三、四图层，首先双击图层一打开图层样式面板，调节颜色叠加命令色彩为 df3636 红色，混合模式强光，透明度 100%，图案叠加命令选择之前导入的自定义图案，参数默认（图 7-84）； 图 7-84	调节图层样式参数后效果如图 7-85 所示 图 7-85

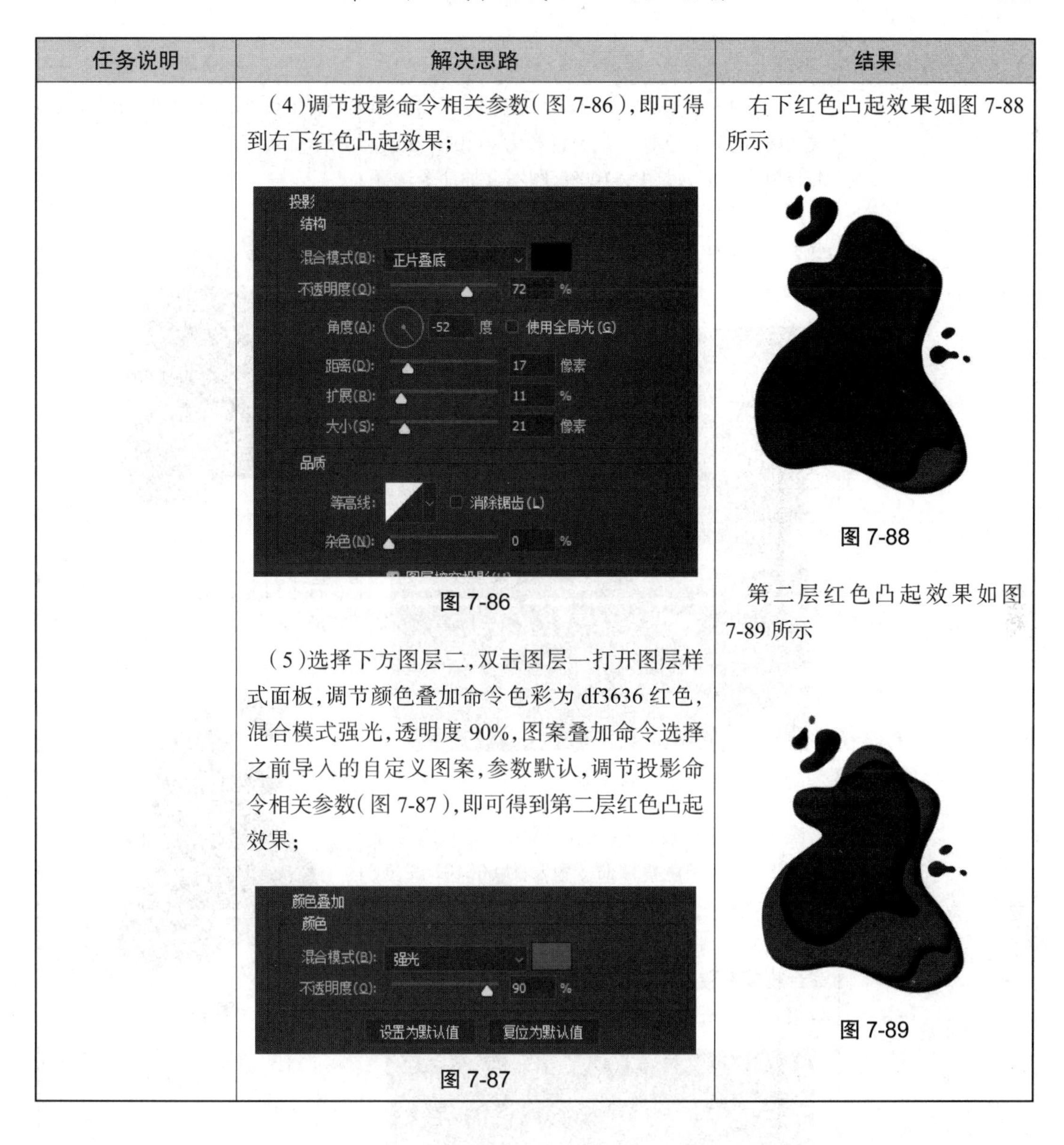

任务说明	解决思路	结果
	（4）调节投影命令相关参数（图 7-86），即可得到右下红色凸起效果； 投影 结构 混合模式(B)：正片叠底 不透明度(O)：72 % 角度(A)：-52 度 使用全局光(G) 距离(D)：17 像素 扩展(R)：11 % 大小(S)：21 像素 品质 等高线：消除锯齿(L) 杂色(N)：0 % 图 7-86 （5）选择下方图层二，双击图层一打开图层样式面板，调节颜色叠加命令色彩为 df3636 红色，混合模式强光，透明度 90%，图案叠加命令选择之前导入的自定义图案，参数默认，调节投影命令相关参数（图 7-87），即可得到第二层红色凸起效果； 颜色叠加 颜色 混合模式(B)：强光 不透明度(O)：90 % 设置为默认值 复位为默认值 图 7-87	右下红色凸起效果如图 7-88 所示 图 7-88 第二层红色凸起效果如图 7-89 所示 图 7-89

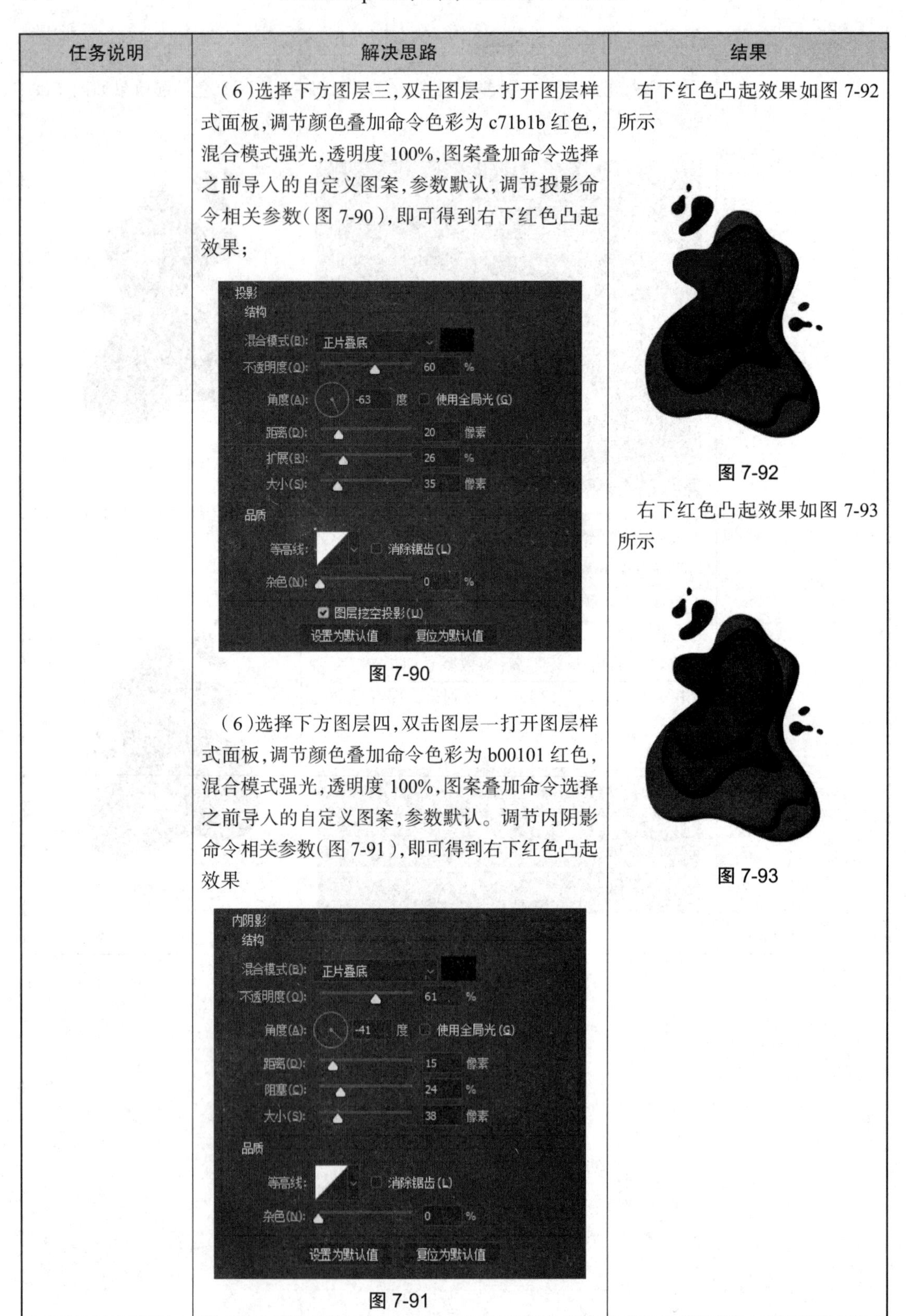

任务说明	解决思路	结果
	（6）选择下方图层三，双击图层一打开图层样式面板，调节颜色叠加命令色彩为c71b1b红色，混合模式强光，透明度100%，图案叠加命令选择之前导入的自定义图案，参数默认，调节投影命令相关参数（图7-90），即可得到右下红色凸起效果； 图7-90 （6）选择下方图层四，双击图层一打开图层样式面板，调节颜色叠加命令色彩为b00101红色，混合模式强光，透明度100%，图案叠加命令选择之前导入的自定义图案，参数默认。调节内阴影命令相关参数（图7-91），即可得到右下红色凸起效果 图7-91	右下红色凸起效果如图7-92所示 图7-92 右下红色凸起效果如图7-93所示 图7-93

任务 4　细节添加和美化

任务说明	解决思路	结果
（1）添加雪花效果； （2）添加文字效果	（1）选择画笔工具，按 F5 打开画笔设置面板，在画笔标签中导入旧版画笔，找到雪花笔刷，调节大小，使用白色在最上方的新建图层中绘制大小不一的雪花（图 7-94）； 图 7-94 （2）使用文字工具添加文字，调节字体和大小	完成细节美化的图形绘制（图 7-95） 图 7-95

任务 5　保存文件，正确输出图片文件

任务说明	解决思路	结果
保存文件，并输出 jpg 格式文件	完成后保存两种格式的文档： （1）保存或另存为 Photoshop 源文件，格式为 psd； （2）导出可压缩的位图格式的预览文件	完成最终的合成参考图（图 7-96），见附录 2　彩图附-38 图 7-96

7.10.4 再想一想

(1)钢笔工具绘制的路径如何保存？路径和选区的关系怎样？

(2)为何图层一、二、三使用阴影命令，而图层四使用内阴影命令？

(3)为何白色图层的图层位置要保持在最上方？

(4)阴影和内阴影命令中的使用全局光命令有什么影响？为何制作本项目时要取消勾选？

7.11 实践项目三：剪纸效果

7.11.1 问题陈述

本项目的剪纸效果主要表现了“凹”的效果，那么如果想制作主要为“凸”效果的剪纸招贴画，需要更改哪些命令和参数设置？观察参考图 7-97 并思考，见附录 2 彩图附-39。

图 7-97

7.11.2　准备工作

计划：

任务　观察图片并思考

实施：

任务　观察图片并思考

任务说明	解决思路	结果
观察图片并思考		

7.11.3　实施解答

计划：

任务 1

任务 2

任务 3

实施：

任务 1

任务说明	解决思路	结果

任务 2

任务说明	解决思路	结果

任务 3

任务说明	解决思路	结果

7.12 小结

目标完成情况

在本课,已经学到:

√ 钢笔工具使用方法,如何绘制图案;

√ 画笔工具使用方法,如何预设画笔;

√ 钢笔和画笔结合绘制插画。

7.12.1 钢笔工具使用方法

类型:形状,用于绘制矢量图形。

路径:绘图最常用的类型,创建后可对其描边、填充、转化为选区等。

路径转化为选区:鼠标右键,建立选区,Ctrl+回车。

选区转化为路径:在选区工具(椭圆选框工具、套索工具等)的状态下,单击鼠标右键,建立工作路径。

7.12.2 画笔工具使用方法

画笔的颜色:前景色。

画笔的大小:Alt 键+鼠标右键,左右拖动可控制笔头大小。

7.12.3 画笔预设的使用方法

定义画笔预设,再用所定义的画笔调整其参数,使用这个预设画笔进行绘制。

7.13　技术参考

目标

在这一部分，读者将学到：

√ 钢笔工具的使用方法，如何绘制图案；

√ 画笔工具的使用方法，如何预设画笔；

√ 钢笔和画笔结合绘制插画。

7.13.1　钢笔工具使用方法的基本介绍

钢笔的类型分为形状与路径两种。形状用于绘制矢量图形，绘制时图形会自动出现在新的透明图层上；路径是绘图常用的类型，创建后可对其描边、填充、转化为选区等。

路径的特点：矢量，PS 中作为辅助线条存在，实际上不会显现，可转化为选区成像，路径绘图时容易修改且精准，可存储。

路径转化为选区：鼠标右键，建立选区；Ctrl+回车，建立工作路径。

7.13.2　画笔工具使用方法的基本介绍

画笔的颜色：前景色。

画笔的大小：Alt 键+鼠标右键，左右拖动可控制笔头大小。

软硬度：Alt 键+鼠标右键，上下拖动可控制笔头软硬度。

模式：与背景的叠加方式。

笔刷压力：仅在连接数位板的情况下可用。

平滑度：平滑度高可减少抖动效果。

绘制直线：按住 Shift 键同时拖动画笔绘制，可得到水平或竖直方向的直线；按住 Shift 键，鼠标左键点按，可得到两点之间的直线。

在编辑菜单栏中点击定义画笔预设→测试→修改参数。

7.13.3　如何定义画笔预设

1）定义画笔预设

（1）绘制一个形状并选中。

（2）选择“编辑”菜单下的“定义画笔预设”。

（3）为画笔命名，确定（图 7-98）。

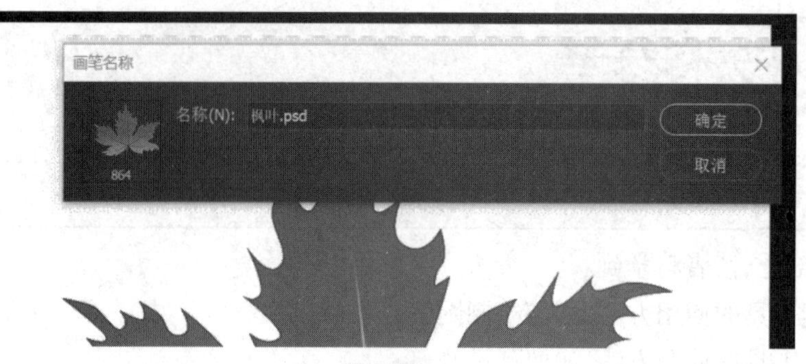

图 7-98

2)设置画笔预设中的属性

选择画笔工具，打开画笔设置，设置画笔间距和大小到合适(图 7-99)。

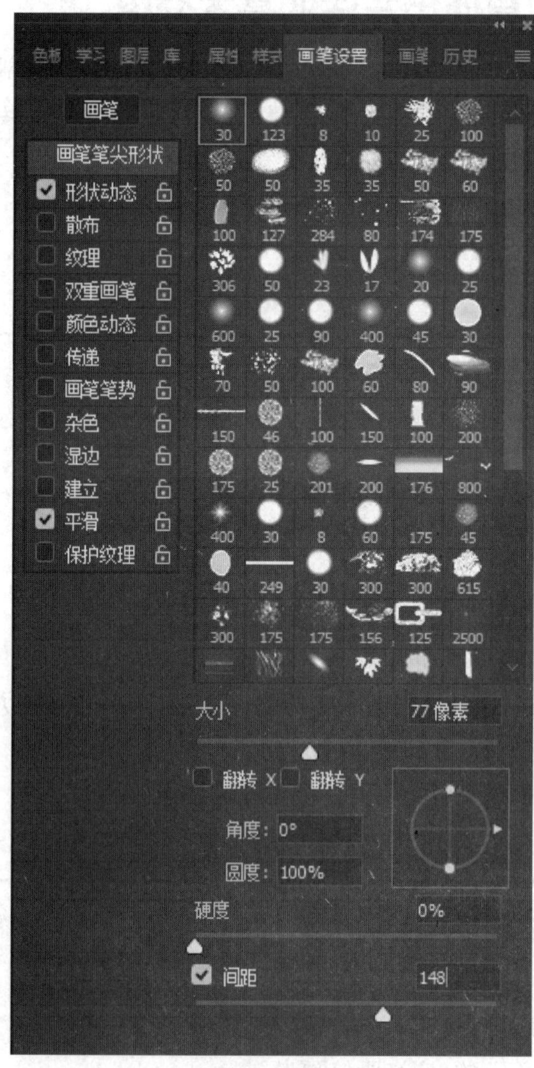

图 7-99

在画布上涂抹测试效果（图 7-100）。

图 7-100

7.13.4　示范项目一　步骤详解

1）建立文件

新建一个 Photoshop 文件，宽度 × 高度为 1024 px × 768 px，分辨率为 72 px，文件命名为姓名-单元 1.psd。

2）绘制枫叶元素

（1）选择钢笔工具→路径钢笔（图 7-101）。

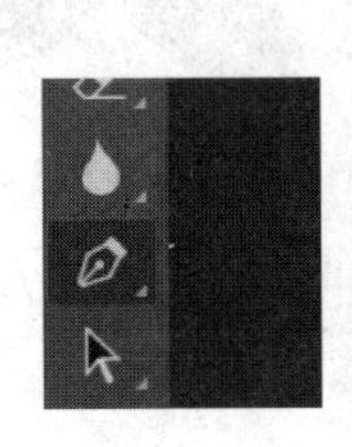

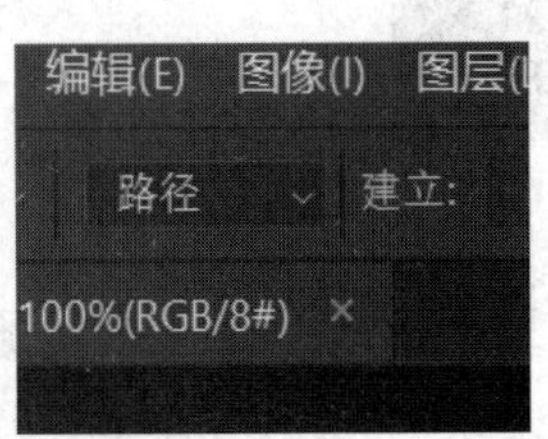

图 7-101

（2）打开搜索到的枫叶素材照片，使用钢笔路径工具，参照素材进行绘制。

①注意灵活运用钢笔的“角点”以及“弧度点”绘制出枫叶的形态（图 7-102）。

图 7-102

②将“枫叶”路径转换为选区(图 7-103)。

图 7-103

③对这个选区进行渐变颜色的填充(图 7-104 和图 7-105)。

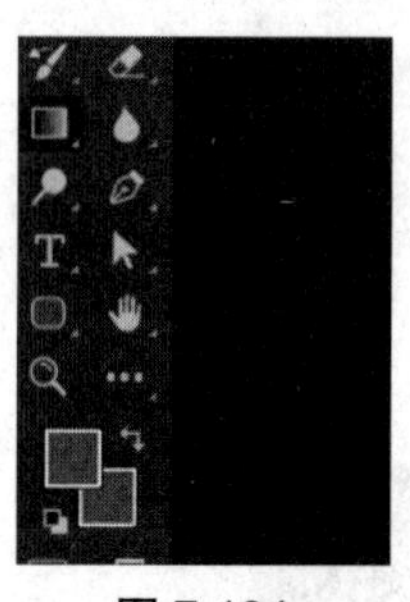

图 7-104

图 7-105

④双击图层,打开图层样式选项框,对“枫叶”进行描边(图 7-106 和图 7-107)。

图 7-106

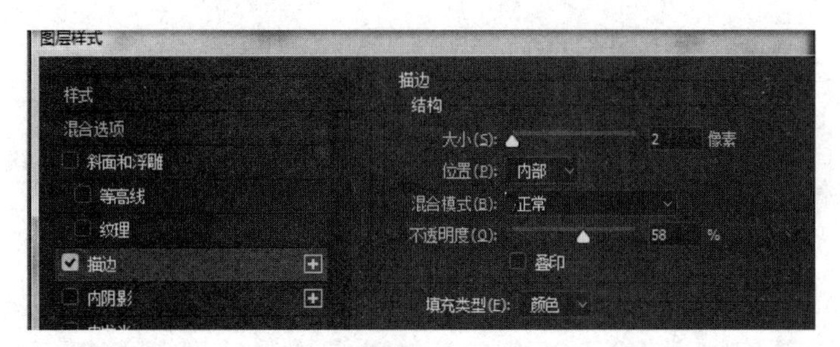

图 7-107

⑤用钢笔工具画出枫叶上主脉络，再用画笔工具画出枫叶上的分支脉络。

3）定义画笔预设

（1）制作画笔形状并定义。

①绘制一个形状并选中。

②选择“编辑”菜单下的“定义画笔预设”。

③为画笔命名，确定（图 7-108）。

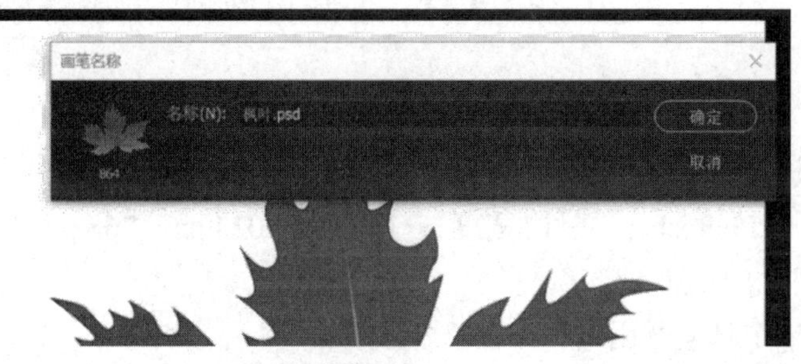

图 7-108

（2）设置画笔预设中的属性：选择画笔工具，打开画笔设置，设置画笔间距和大小到合适（图 7-109）。

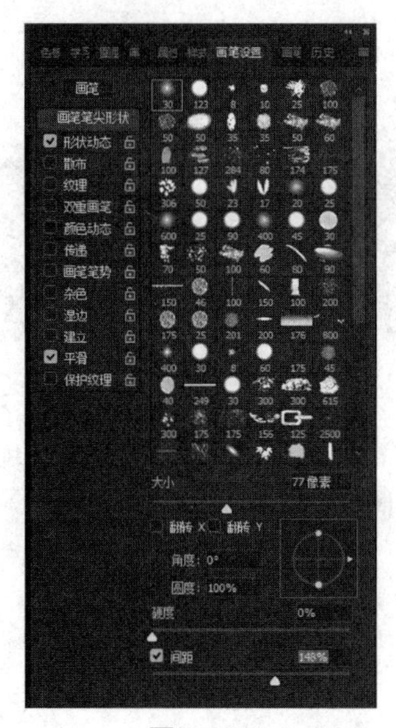

图 7-109

在画布上涂抹测试效果(图 7-110)

图 7-110

4)图形绘制

(1)新建一个 Photoshop 文件,宽度 × 高度为 1024 px × 768 px,分辨率为 72 px,文件命名为姓名-项目 7.psd。

(2)选择钢笔工具绘制山与树干(图 7-111)。

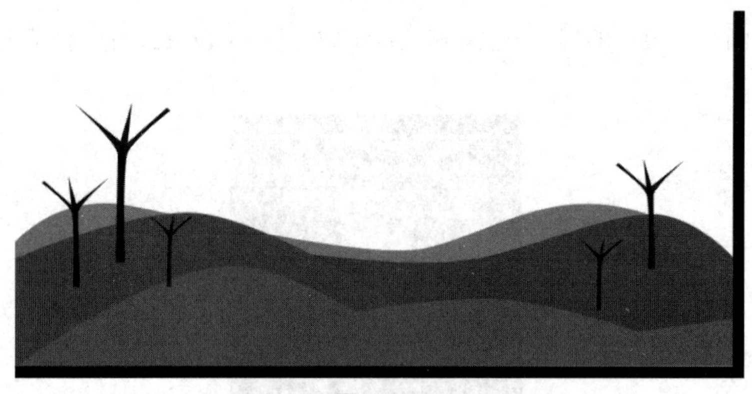

图 7-111

(3)选择画笔工具,调整好笔触,绘制树冠、树叶,利用钢笔工具绘制云朵,最后结合钢笔、画笔、橡皮等工具进行微调(图 7-112)。

图 7-112

7.13.5　示范项目二　步骤详解

使用钢笔工具,仔细描摹鲸鱼的形状,并使用渐变工具上色。

每一部分要分别绘制出来,并进行渐变叠加等颜色设置。

(1)鱼鳍如图 7-113 所示。

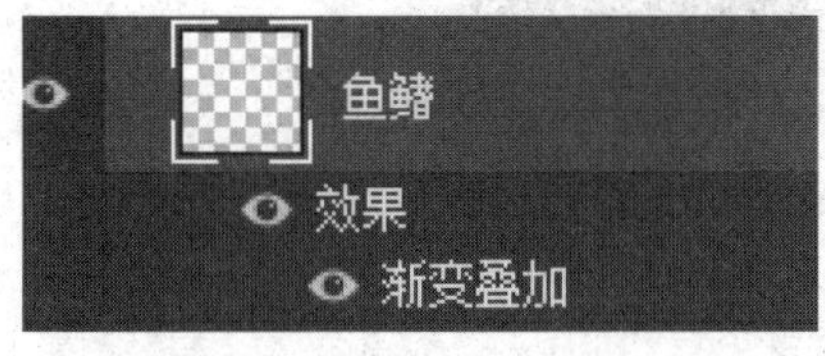

图 7-113

(2)鱼背使用栅格化的图层,填充渐变色(图 7-114 和图 7-115)。

图 7-114

图 7-115

①在其身上用钢笔勾一条路径(图 7-116)。

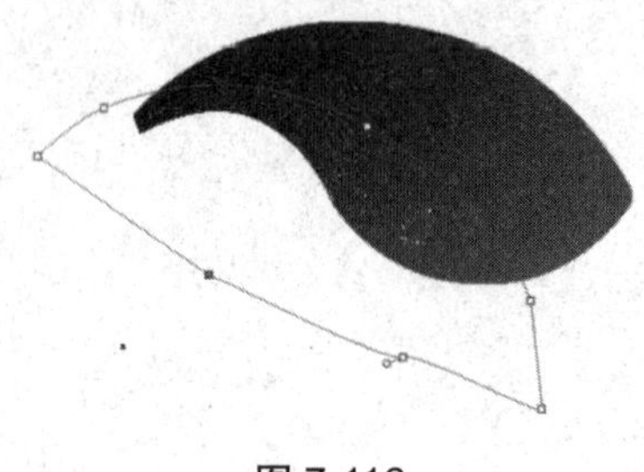

图 7-116

②路径转选区（图 7-117）。

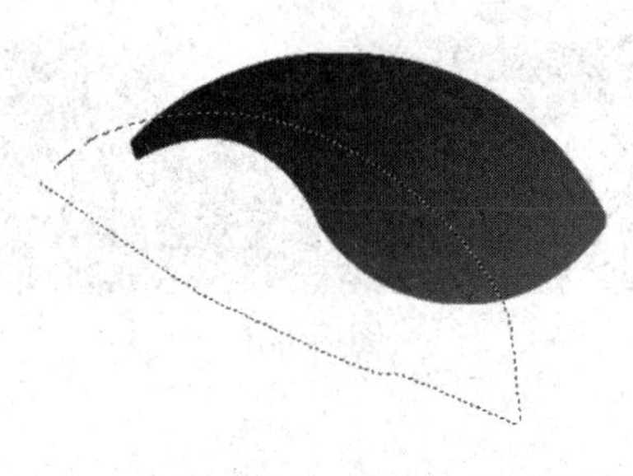

图 7-117

③使用减淡工具，硬度设为 0，笔头大小设的大一些，在边界上轻轻涂抹一下（图 7-118）。

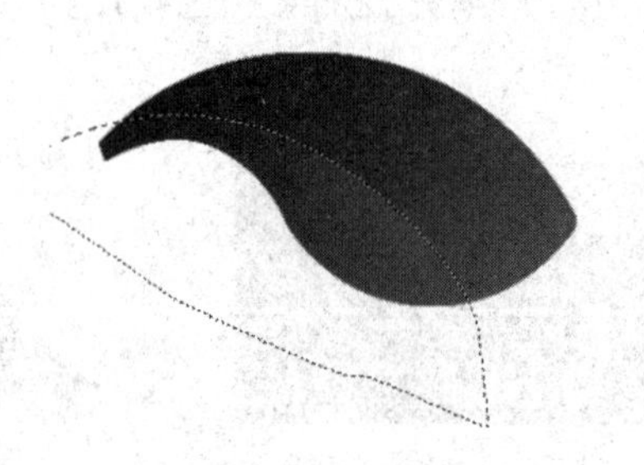

图 7-118

④取消选区效果如图 7-119 所示。

图 7-119

⑤重复操作再画一条折痕（图 7-120）。

图 7-120

（3）鱼腹如图 7-121 和图 7-122 所示。

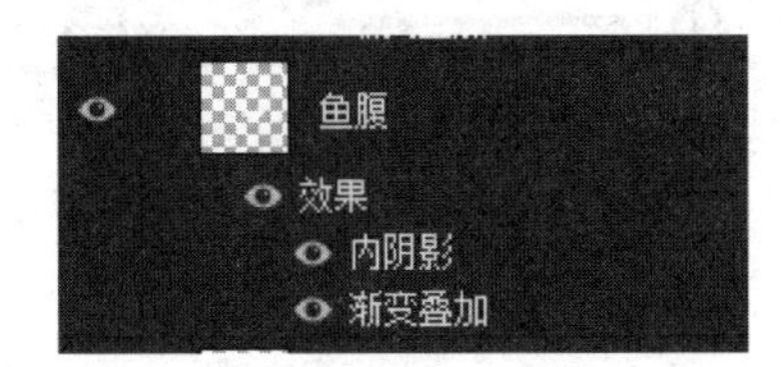

图 7-121

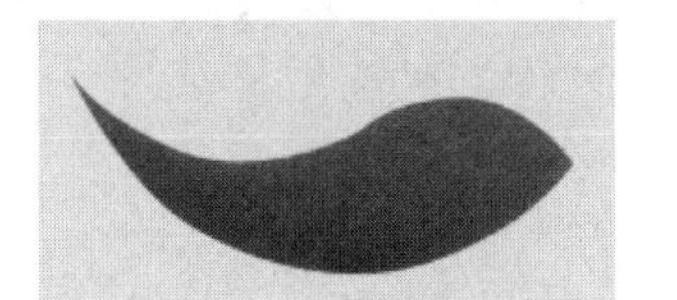

图 7-122

（4）第二个鱼鳍如图 7-123 和图 7-124 所示。

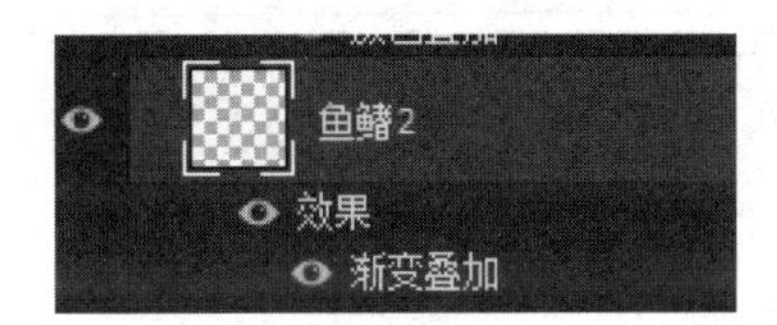

图 7-123

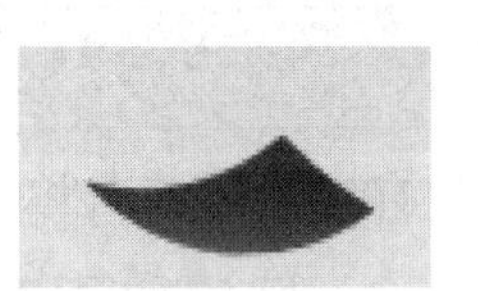

图 7-124

（5）鱼尾如图 7-125 和图 7-126 所示。

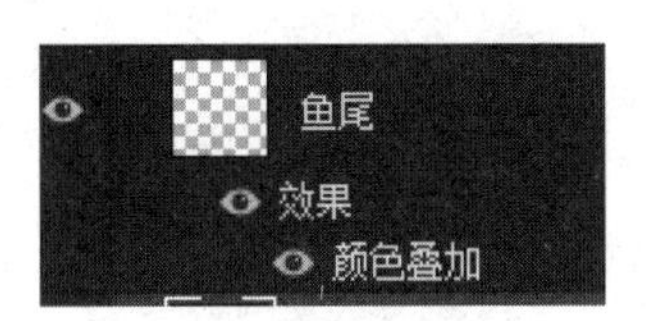

图 7-125

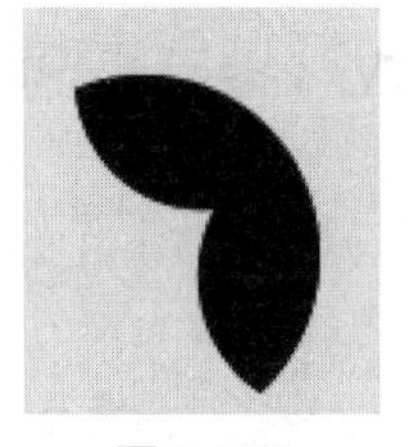

图 7-126

（6）最终效果如图 7-127 所示。

图 7-127

第 8 课

神奇幻术——滤镜应用

目标

在本课，读者将学到：

√ 风格化滤镜的使用方法；

√ 模糊滤镜的使用方法；

√ 扭曲滤镜的使用方法；

√ 杂色滤镜的使用方法。

8.1　开始

1)风格化滤镜

风格化滤镜通过置换像素和通过查找并增加图像的对比度,在选区中生成绘画或印象派的效果。

2)模糊滤镜

模糊滤镜可以使图像中过于清晰或对比度过于强烈的区域产生模糊效果。

3)扭曲滤镜

扭曲滤镜是用几何学的原理把一幅图像变形,以创造出三维效果或其他的整体变化。

4)杂色滤镜

杂色滤镜分别为蒙尘与划痕、去斑、添加杂色、中间值滤镜,主要用于校正图像处理过程的瑕疵,与其他滤镜结合使用可以产生一些特殊效果。

8.2　示范项目一:风格化滤镜案例讲解

课前思考:

我们在路边看到的炫酷的充满动感的电影海报是怎么制作出来的?

8.2.1　问题陈述

现在有一幅充满动感的运动员照片(图 8-1),思考一下这种风驰电掣的效果是怎样制作出来的,并进行绘制。

图 8-1

8.2.2 准备工作

计划：

任务　分析图画特征，选择合适工具

实施：

任务　分析图画特征，选择合适的工具

任务说明	解决思路	结果
分析图画特征，选择合适工具	（1）判断画面运动员的特征； （2）边缘是否清晰； （3）判断风格化滤镜中哪个滤镜效果更适合绘制这种图画	（1）跑步中的运动员； （2）边缘不清晰； （3）“风”更适合这个效果

8.2.3 实施解答

计划：

任务 1　打开素材图片

任务 2　选择风格化滤镜

任务 3　调整参数

任务 4　图像输出

实施：

任务 1　打开素材图片

任务说明	解决思路	结果
打开素材图片，在图层上双击解锁，选中复制图层为拷贝层	打开运动员素材文件，在图层上双击解锁，选中复制图层为拷贝层	效果图（图 8-2） 图层 0 拷贝 图层 0 图 8-2

任务 2　选择风格化滤镜

任务说明	解决思路	结果
选择风格化滤镜	在菜单栏中，选择滤镜→风格化→风这款滤镜（图 8-3） 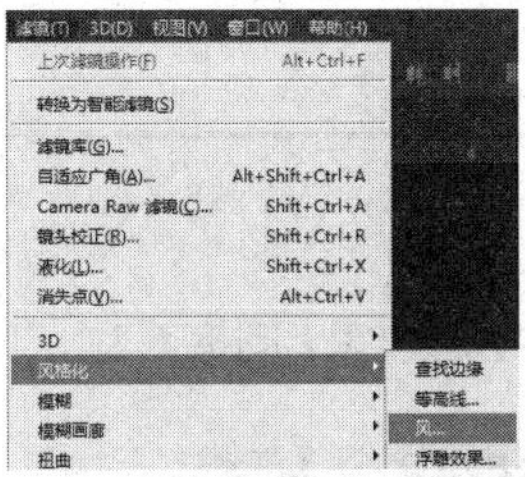 图 8-3	

任务 3　调整参数

任务说明	解决思路	结果
调整参数至合适效果	选择需要的效果——风，方向为从右（图 8-4）  图 8-4	效果图（图 8-5）  图 8-5

任务 4　图像输出

任务说明	解决思路	结果
图像输出	幅面不变，分辨率不变，以 jpg 的格式存储图像	按照正确的格式存储图像文件，并上传到线上作业中

8.2.4　再想一想

（1）“风”的参数中，大风、飓风是什么效果？

（2）“方向”参数中，从右、从左有什么区别？

8.3 实践项目一：奔驰的汽车效果

8.3.1 问题陈述

打开汽车素材图片，制作汽车奔驰效果（图 8-6）。

图 8-6

8.3.2 准备工作

计划：

任务

任务

任务说明	解决思路	结果

8.3.3　实施解答

计划:

任务 1

任务 2

实施:

任务 1

任务说明	解决思路	结果

任务 2

任务说明	解决思路	结果

8.4　示范项目二：模糊滤镜案例讲解

课前思考:

如何让人物面部看上去更加光滑柔和？如何让车轮看上去有速度感？

8.4.1　问题陈述

如何让女性的面部线条更加光滑柔和(图 8-7)？怎样让车轮充满旋转的动感(图 8-8)？

图 8-7

图 8-8

8.4.2 准备工作

计划:

任务　分析两张图形,思考使用哪几种模糊工具绘制

实施:

任务　分析思考

任务说明	解决思路	结果
分析思考	分析模糊菜单下有几种模糊工具,哪种可以解决本项目问题	(1)表面模糊; (2)径向模糊

8.4.3 实施解答

计划:

任务 1　人像面部处理

任务 2　车轮旋转效果处理

实施：

任务 1　人物面部处理

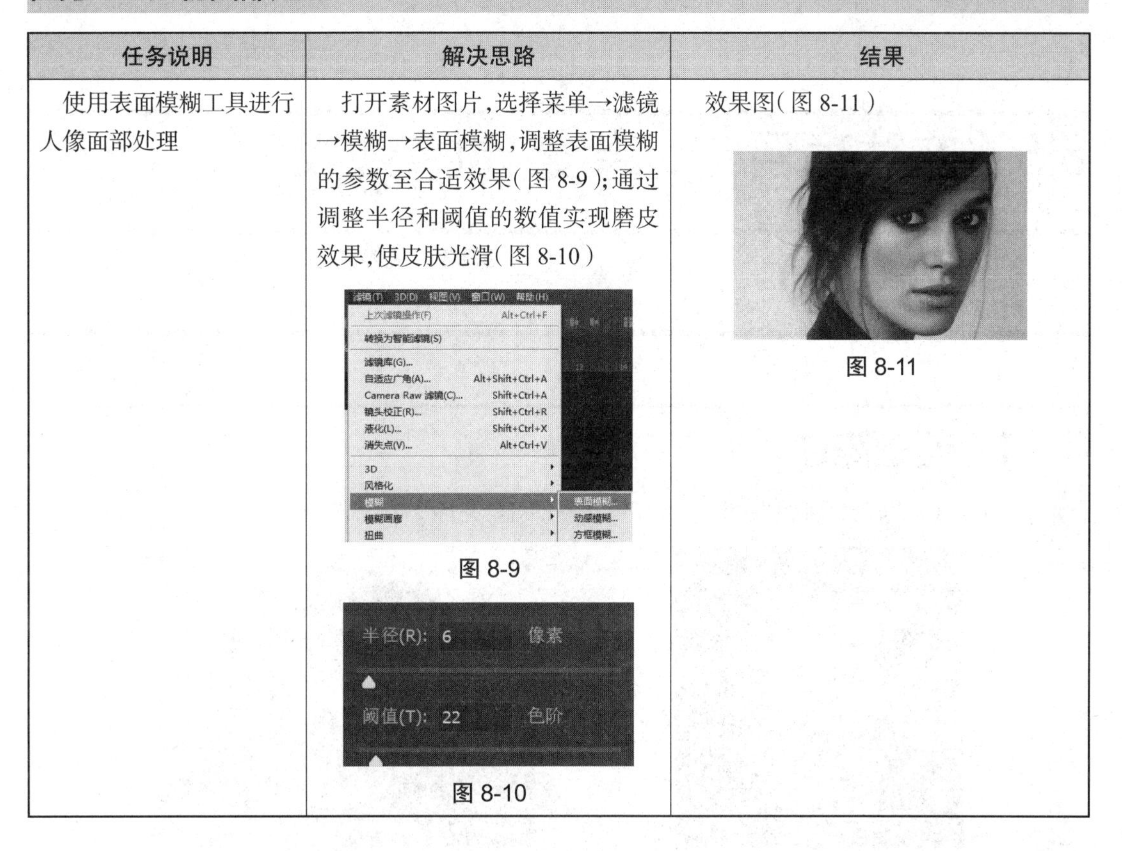

任务说明	解决思路	结果
使用表面模糊工具进行人像面部处理	打开素材图片，选择菜单→滤镜→模糊→表面模糊，调整表面模糊的参数至合适效果（图 8-9）；通过调整半径和阈值的数值实现磨皮效果，使皮肤光滑（图 8-10） 图 8-9 图 8-10	效果图（图 8-11） 图 8-11

任务 2　车轮旋转效果处理

任务说明	解决思路	结果
使用径向模糊滤镜进行车轮旋转效果处理	打开汽车素材，选择菜单→滤镜→模糊→径向模糊工具，调整参数至合适效果（图 8-12）。此工具的模糊方式是以中心点来进行模糊，调整模糊方法和品质，使汽车充满旋转的动感（图 8-13） 图 8-12　图 8-13	效果图（图 8-14） 图 8-14

8.4.4 再想一想

表面模糊、径向模糊各是做什么的？如何使用及调整参数？

8.5 实践项目二：磨皮、动感效果

8.5.1 问题陈述

分别打开美女与汽车轮毂素材图片（图 8-15、图 8-16），设置效果。

图 8-15

图 8-16

8.5.2 准备工作

计划：

任务

实施：

任务

任务说明	解决思路	结果

8.5.3　实施解答

计划:

任务 1

任务 2

实施:

任务 1

任务说明	解决思路	结果

任务 2

任务说明	解决思路	结果

8.6　示范项目三:水面扭曲效果制作

课前思考:

你觉得扭曲有哪些呈现效果,试举例说明。

8.6.1　问题陈述　　**8.6.3**　实施解答

8.6.2　准备工作　　**8.6.4**　再想一想

8.6.1　问题陈述

有一张水面的图片(图 8-17),希望做出漩涡的效果(图 8-18)。

图 8-17

图 8-18

8.6.2　准备工作

计划：

任务　分析如何制作

实施：

任务　分析如何制作

任务说明	解决思路	结果
分析如何制作	图形特征思考	2D 图，用滤镜制作

8.6.3　实施解答

计划：

任务 1　水波扭曲滤镜效果制作

任务 2　旋转扭曲滤镜效果制作

实施:

任务 1　水波扭曲滤镜效果制作

任务说明	解决思路	结果
打开水面素材文件,选择水波扭曲滤镜进行测试、调整,达到满意的效果	打开水面文件,选择菜单→滤镜→扭曲→水波,调整水波参数中的数量、起伏、样式,形成一圈圈的波光粼粼的效果(图 8-19) 图 8-19	效果图(图 8-20) 图 8-20

任务 2　旋转扭曲滤镜效果制作

任务说明	解决思路	结果
打开水面素材文件,选择旋转扭曲滤镜进行测试	打开水面文件,选择菜单→滤镜→扭曲→旋转,调整旋转参数中的角度,形成一圈圈的多层旋转的效果(图 8-21) 图 8-21	效果图(图 8-22) 图 8-22

8.6.4　再想一想

水波扭曲和旋转扭曲在参数和效果上有什么区别?

8.7 示范项目四：水乡烟雨

课前思考：

试着思考下雨效果在 PS 中怎么合成。

8.7.1 问题陈述

这里有一张水乡的照片（图 8-23），素材中雨的效果不明显，整体画面缺乏烟雨朦胧的意境，思考如何改进。

图 8-23

8.7.2 准备工作

计划：

任务　分析图片

任务　分析图片

任务说明	解决思路	结果
分析需要添加什么效果，怎样添加	画面中缺少下雨的场景表现，思考雨丝的效果如何表现	利用杂色、模糊、扭曲等工具创建一个下雨的效果

8.7.3　实施解答

计划:

任务 1　创建雨丝元素

任务 2　调整雨丝形态,使效果更逼真

实施:

任务 1　创建雨丝元素

任务说明	解决思路
通过添加滤镜效果产生类似雨丝的线条	(1)打开文件,新建图层“雨”,填充黑色; (2)选择菜单→滤镜→杂色→添加杂色,调整参数中的数量、分布、单色,形成初步杂色效果(图 8-24); 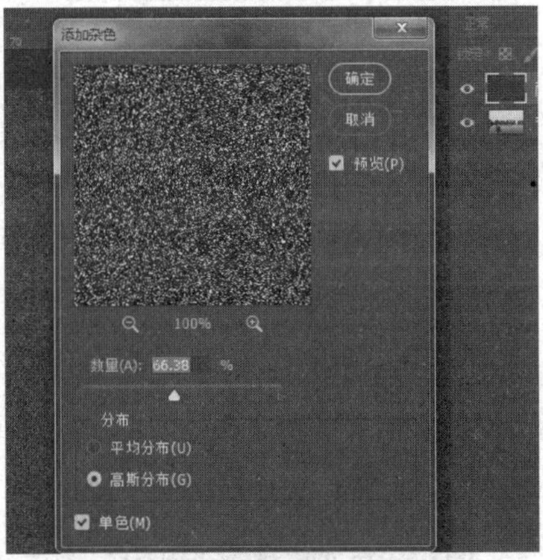 图 8-24 (3)对“雨”层执行滤镜→模糊→高斯模糊,调整半径为 0.5(图 8-25); (4)对“雨”层执行滤镜→模糊→动感模糊,调整角度为 80,距离为 50(图 8-26) 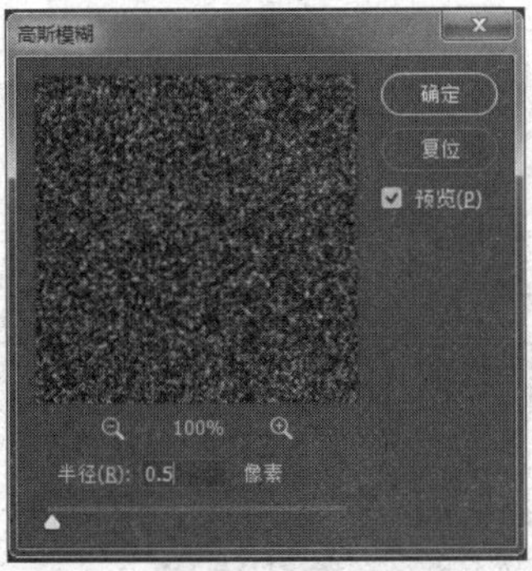 图 8-25 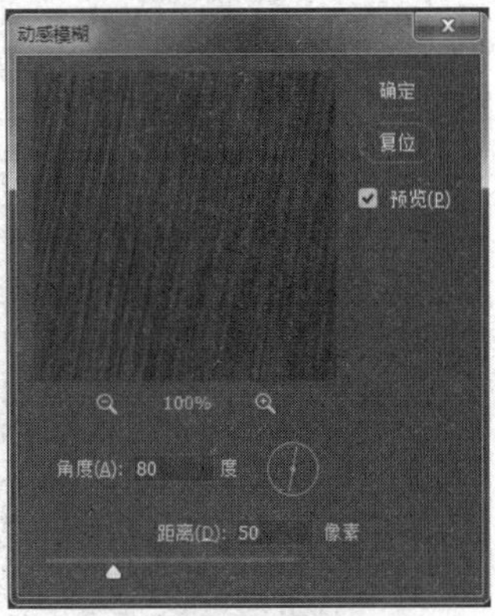　图 8-26

任务 2 调整雨丝形态，使效果更逼真

<table>
<tr><th>任务说明</th><th>解决思路</th></tr>
<tr><td>通过色阶、扭曲、模糊等工具，使雨丝效果更加真实</td><td>

（1）按住 Alt 键，点击图层“雨”，创建剪切蒙版（图 8-27）；

（2）按 Ctrl+L 组合键，打开色阶，调整色阶数值（图 8-28）；

图 8-27

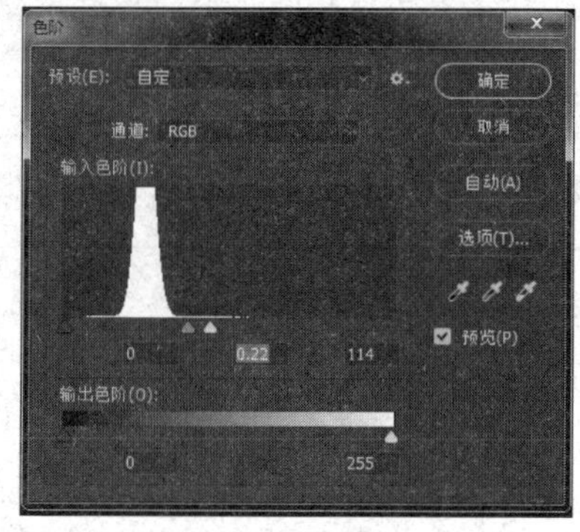

图 8-28

（3）选择“雨”图层，执行滤镜→扭曲→波纹，调整数量为 10，大小为中（图 8-29）；

（4）对“雨”层执行滤镜→模糊→高斯模糊，调整半径为 0.5（图 8-30）；

（5）更改“雨”层混合模式为滤色，透明度为 50%，制作完成

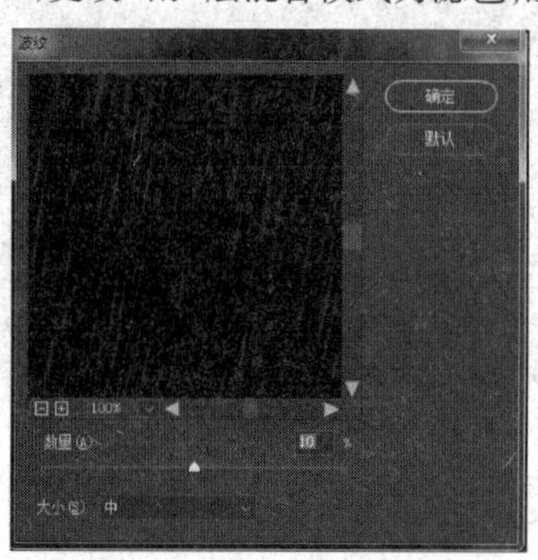

图 8-29

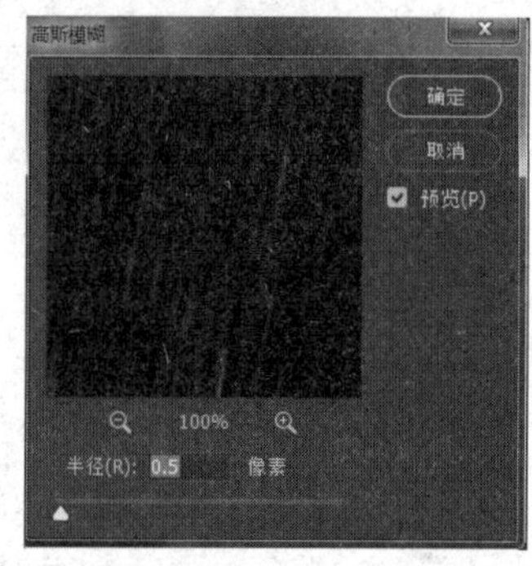

图 8-30

</td></tr>
<tr><th colspan="2">结果</th></tr>
<tr><td colspan="2">

效果图（图 8-31）

图 8-31

</td></tr>
</table>

8.8　实践项目三：雨中骑行效果制作

8.8.1　问题陈述

为图 8-32 所示的骑行图片添加下雨的效果。

图 8-32

8.8.2　准备工作

计划：

任务　分析如何制作

实施：

任务　分析如何制作

任务说明	解决思路	结果
分析画面特征，思考如何添加下雨效果	（1）整体画面压暗，产生雨天的气氛； （2）添加雨丝效果	（1）曲线压暗； （2）用滤镜制作雨丝

8.8.3 实施解答

计划:

任务 1

任务 2

实施:

任务 1

任务说明	解决思路	结果

任务 2

任务说明	解决思路	结果

8.9 小结

目标完成情况

在本课,已经学到:

√ 风格化滤镜的使用方法;

√ 模糊滤镜的使用方法;

√ 扭曲滤镜的使用方法;

√ 杂色滤镜的使用方法。

8.9.1　风格化滤镜的使用方法

风格化滤镜通过置换像素和查找,并增加图像的对比度,在选区中生成绘画或印象派的效果。

8.9.2　模糊滤镜的使用方法

模糊滤镜可以使图像中过于清晰或对比度过于强烈的区域产生模糊效果。

8.9.3　扭曲滤镜的使用方法

扭曲滤镜是用几何学的原理把一幅图像变形,以创造出三维效果或其他的整体变化。

8.9.4　杂色滤镜的使用方法

杂色滤镜分别为蒙尘与划痕、去斑、添加杂色、中间值滤镜,主要用于校正图像处理过程的瑕疵。

8.10　技术参考

目标

在这一部分,读者将学到:

√　风格化滤镜介绍;

√　模糊滤镜介绍;

√　扭曲滤镜介绍;

√　杂色滤镜介绍。

8.10.1　风格化滤镜介绍

风格化滤镜通过置换像素和通过查找并增加图像的对比度,在选区中生成绘画或印象派的效果。它是完全模拟真实艺术手法进行创作的。 在使用“查找边缘”和“等高线”等突出显示边缘的滤镜后,可应用“反相”命令用彩色线条勾勒彩色图像的边缘或用白色线条勾勒灰度图像的边缘。具体包括以下种类。

风:用于在图像中创建细小的水平线以及模拟刮风的效果(具有风、大风、飓风等功能)。

浮雕效果:通过将选区的填充色转换为灰色,并用原填充色描画边缘,从而使选区显得凸起或压低。

扩散:根据选中的选项搅乱选区中的像素,使选区显得不十分聚焦,有一种溶解一样的扩散效果,对象是字体时,该效果呈现在边缘。

拼贴:将图像分解为一系列拼贴(像瓷砖方块)并使每个方块上都含有部分图像。

凸出:可以将图像转化为三维立方体或锥体,以此来改变图像或生成特殊的三维背景效果。

照亮边缘:可以搜寻主要颜色变化区域并强化其过渡像素,产生类似添加霓虹灯的光亮。

等高线:用于查找主要亮度区域的过渡,并对每个颜色通道用细线进行勾画,得到与等高线图中的线相似的结果。

曝光过度:混合正片和负片图像,与在冲洗过程中将照片简单地曝光以加亮相似。

查找边缘:用于标识图像中有明显过渡的区域并强调边缘。与“等高线”滤镜一样,“查找边缘”在白色背景上用深色线条勾画图像的边缘,并对于在图像周围创建边框非常有用。

8.10.2 模糊滤镜介绍

模糊滤镜可以使图像中过于清晰或对比度过于强烈的区域产生模糊效果。它通过平衡图像中已定义的线条和遮蔽区域的清晰边缘旁边的像素,使变化显得柔和。模糊菜单包括以下内容。

动感模糊:可以产生动态模糊的效果,此滤镜的效果类似于以固定的曝光时间给一个移动的对象拍照。

高斯模糊:添加低频细节,并产生一种朦胧效果。“高斯”是指当 Adobe Photoshop CS2 将加权平均应用于像素时生成的钟形曲线。在进行字体的特殊效果制作时,在通道内经常应用此滤镜的效果。

径向模糊:模拟前后移动相机或旋转相机所产生的模糊效果。

特殊模糊:可以产生一种清晰边界的模糊。该滤镜能够找到图像边缘并只模糊图像边界线以内的区域。

方框模糊:基于相邻像素的平均颜色值来模糊图像。此滤镜用于创建特殊效果,可以调整用于计算给定像素的平均值的区域大小,半径越大,产生的模糊效果越好。

镜头模糊:向图像中添加模糊以产生更窄的景深效果,以便使图像中的一些对象在焦点内,而使另一些区域变模糊。

形状模糊:使用指定的内核来创建模糊。从自定形状预设列表中选取一种内核,并使用

“半径”滑块来调整其大小。通过单击三角形并从列表中进行选取,可以载入不同的形状库。半径决定了内核的大小,内核越大,模糊效果越好。

表面模糊:在保留边缘的同时模糊图像。此滤镜用于创建特殊效果,并消除杂色或粒度。“半径”选项指定模糊取样区域的大小。“阈值”选项控制相邻像素色调值与中心像素值相差多大时才能成为模糊的一部分。色调值差小于阈值的像素被排除在模糊之外。

进一步模糊:生成的效果比“模糊”滤镜强三到四倍。

模糊:产生轻微的模糊效果。

平均:找出图像或选区的平均颜色,然后用该颜色填充图像或选区,以创建平滑的外观。例如,如果您选择了草坪区域,该滤镜会将该区域更改为一块均匀的绿色部分。

8.10.3　扭曲滤镜介绍

扭曲滤镜是用几何学的原理把一幅图像变形,以创造出三维效果或其他的整体变化。其中包括以下内容。

波浪滤镜:使图像产生波浪扭曲效果。

波纹滤镜:使图像产生类似水波纹的效果。

玻璃滤镜:使图像看上去如同隔着玻璃观看一样,此滤镜不能应用于 CMYK 和 Lab 模式的图像。

海洋波纹滤镜:使图像产生普通的海洋波纹效果,此滤镜不能应用于 CMYK 和 Lab 模式的图像。

极坐标滤镜:可以将图像的坐标从平面坐标转换为极坐标或从极坐标转换为平面坐标。

挤压滤镜:使图像的中心产生凸起或凹下的效果。

扩散亮光滤镜:向图像中添加透明的背景色颗粒,在图像的亮区向外进行扩散添加,产生一种类似发光的效果,此滤镜不能应用于 CMYK 和 Lab 模式的图像。

切变滤镜:可以控制指定的点来弯曲图像。

球面化滤镜:可以使选区中心的图像产生凸出或凹陷的球体效果,类似挤压滤镜的效果。

水波滤镜:使图像产生同心圆状的波纹效果。

旋转扭曲滤镜:使图像产生旋转扭曲的效果。

置换滤镜:可以产生弯曲、碎裂的图像效果。置换滤镜比较特殊的是设置完毕后,还需要选择一个图像文件作为位移图,滤镜根据位移图上的颜色值移动图像像素。

8.10.4　杂色滤镜介绍

杂色滤镜能够给图片添加一些随机的杂色的点,分别为蒙尘与划痕、去斑、添加杂色、中间值滤镜,主要用于校正图像处理过程的瑕疵。

在实际应用中，杂色滤镜往往和其他一些滤镜结合使用，而会产生一些特别有趣的效果。

8.10.5　示范项目四　步骤详解——综合运用杂色

（1）打开素材图片（图 8-33），新建图层，命名为“雨”层，填充黑色（图 8-33）。

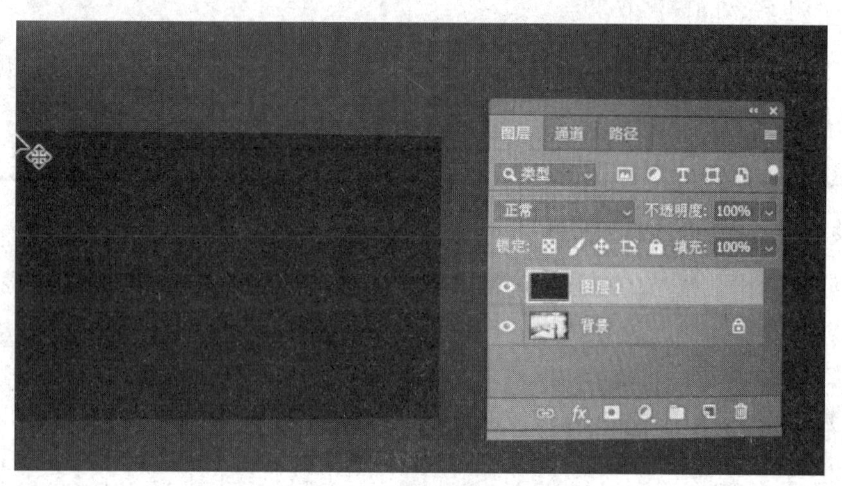

图 8-33

（2）选择菜单→滤镜→杂色→添加杂色，调整参数中的数量、分布、单色，形成初步杂色效果（图 8-34）。

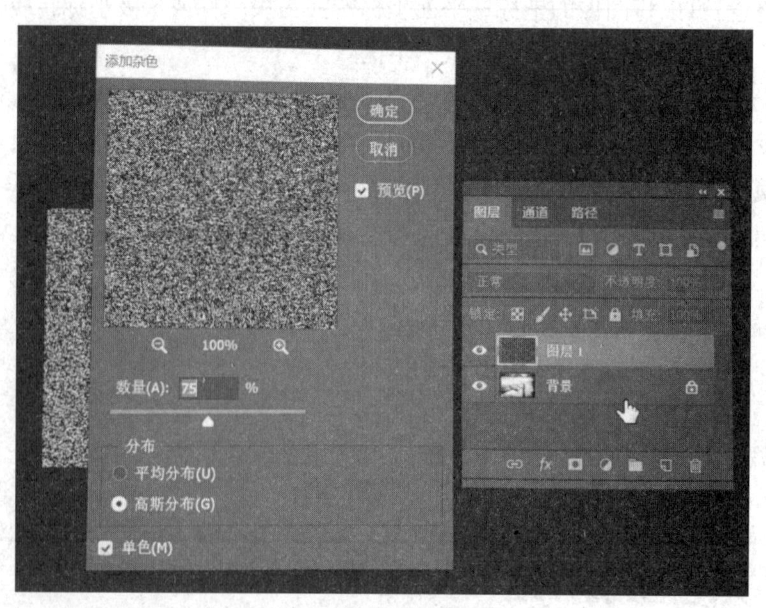

图 8-34

（3）对“雨”层执行滤镜→模糊→高斯模糊，调整半径为0.5（图8-35）。

图8-35

（4）对“雨”层执行滤镜→模糊→动感模糊，调整角度为80，距离为50（图8-36）。

图8-36

（5）按住 Alt 键，点击图层“雨”，创建剪切蒙版（图 8-37）。

图 8-37

（6）按 Ctrl+L 组合键，打开色阶，调整色阶数值（图 8-38）。

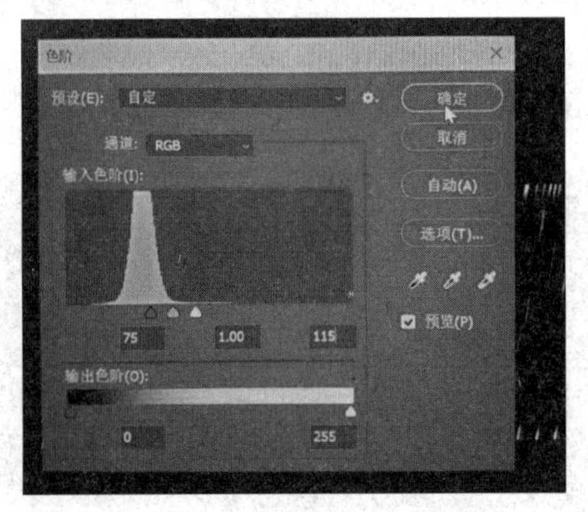

图 8-38

（7）选择“雨”图层，执行滤镜→扭曲→波纹，调整数量为 10，大小为大（图 8-39）。

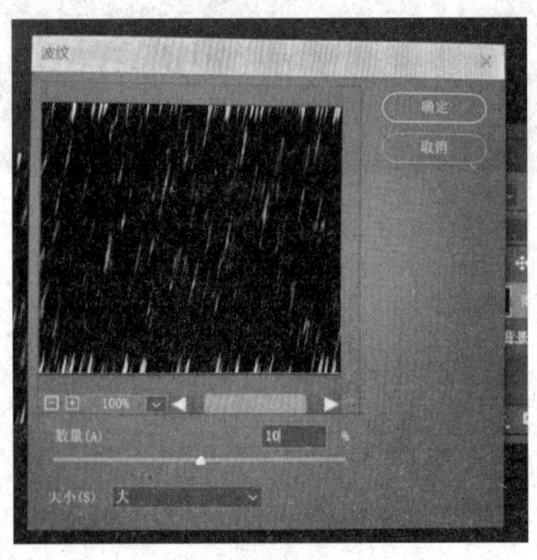

图 8-39

（8）对“雨”层执行滤镜→模糊→高斯模糊，调整半径为 0.5（图 8-40）。

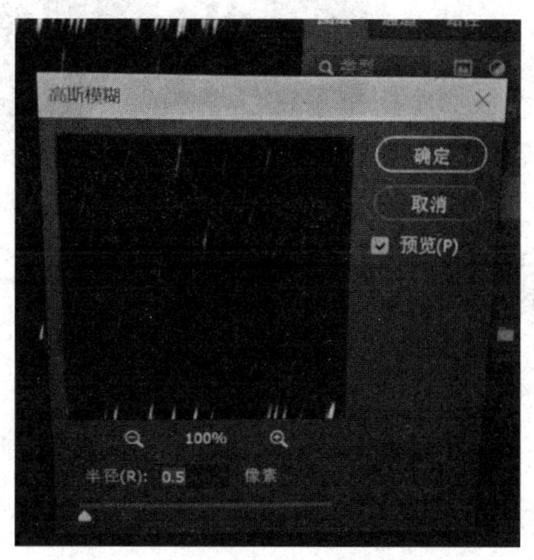

图 8-40

（9）更改“雨”层混合模式为滤色，透明度为 50%，制作完成。

第 9 课

化腐朽为神奇——产品精修

目标

在本课，读者将学到：

√ 产品修瑕技巧；

√ 产品铺光技巧；

√ 产品结构塑造技巧；

√ 产品精修步骤。

9.1　开始

1）修瑕原理

以好充次，取优补劣；不净使其净，不整使其整。

2）取舍判断

脏乱差，琐碎过多，变化过多；不规整，不直，不圆，不方，不成型，不够。

3）三大关系

明暗关系，空间关系，结构关系。

4）四大变量

宽度，模糊度，强度，位置。

5）材质表现

（1）表面材质：光滑表面，漫反射表面，硬光，软光，强光，弱光。

（2）内部材质：透，不透，半透。

6）塑造体积

三大面五大调。

9.2　示范项目一：软管护手霜精修

9.2.1　问题陈述

现在一款软管的护手霜，需要用在电商宣传海报上用于产品的展示（图 9-1，附录 2　彩图附-40）。

图 9-1

9.2.2 准备工作

计划:

任务 1 寻找标杆图

任务 2 观察与分析

实施:

任务 1 寻找标杆图

任务说明	解决思路	结果
寻找标杆图	在各大电商网站浏览同类产品,寻找满意的呈现效果	寻找到符合问题描述的标杆图(图 9-2) 图 9-2

任务 2 观察与分析

任务说明	解决思路	结果
观察与分析	(1)观看外形; (2)观看表面瑕疵; (3)观看光影与立体感	(1)外形不够规整; (2)表面有瑕疵; (3)立体感与光影有待加强

9.2.3 实施解答

计划:

任务 1 整理外形

任务 2 抠图

任务 3 修瑕

任务 4 塑造立体感

任务 5 贴瓶标

任务 6 调整细节,统一整体光影效果

实施：

任务 1　整理外形

任务说明	解决思路	结果
整理外形	使用辅助线校正外形的歪斜情况（图 9-3） 图 9-3	校正后，边缘应和辅助线贴合

任务 2　抠图

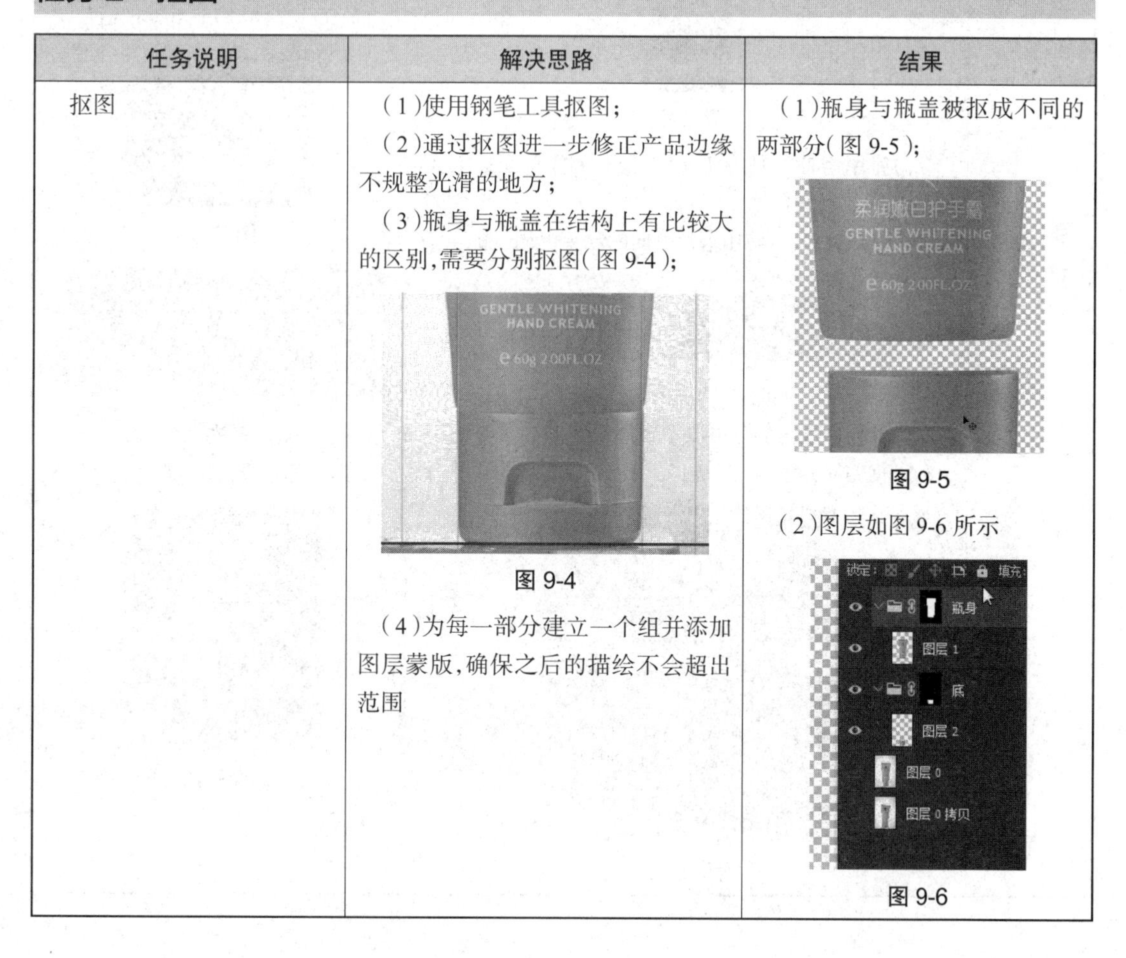

任务说明	解决思路	结果
抠图	（1）使用钢笔工具抠图； （2）通过抠图进一步修正产品边缘不规整光滑的地方； （3）瓶身与瓶盖在结构上有比较大的区别，需要分别抠图（图 9-4）； 图 9-4 （4）为每一部分建立一个组并添加图层蒙版，确保之后的描绘不会超出范围	（1）瓶身与瓶盖被抠成不同的两部分（图 9-5）； 图 9-5 （2）图层如图 9-6 所示 图 9-6

任务 3　修瑕

任务说明	解决思路	结果
修瑕	（1）使用修补工具修补大面积瑕疵，如标志与表面的图文质量较差，需要修掉，后期再重贴（图 9-7）；  图 9-7 （2）建立观察器，仔细观察瓶身细节（图 9-8）；  图 9-8 （3）使用修补工具或仿制图章进行细节修复，注意瓶身光影要过渡自然； （4）尾部处理，可使用垂直方向的动感模糊（图 9-9）；  图 9-9 （5）过分杂乱的部分可以考虑用绘制的方法修瑕； （6）瓶盖部分修瑕（图 9-10） 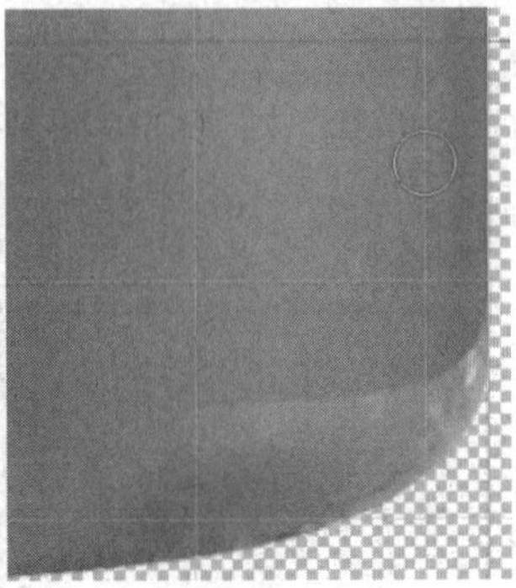 图 9-10	（1）修补工具替换后的效果（图 9-11）；  图 9-11 注意：反光带自然过渡 （2）观察器图层（图 9-12）；  图 9-12 （3）尾部（图 9-13 和图 9-14）； 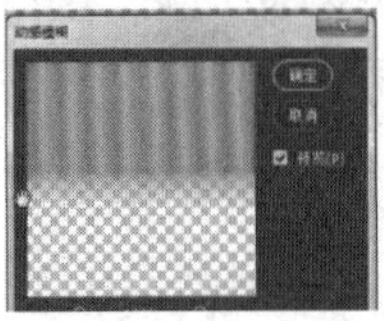 图 9-13 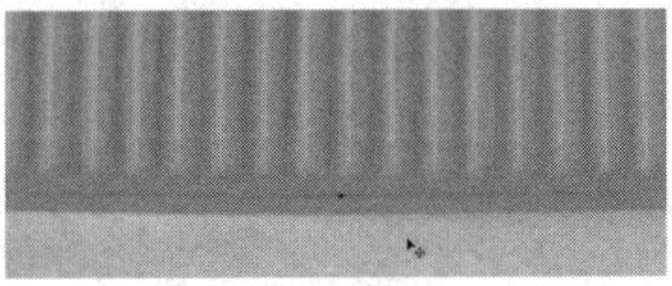 图 9-14 （4）局部效果（图 9-15） 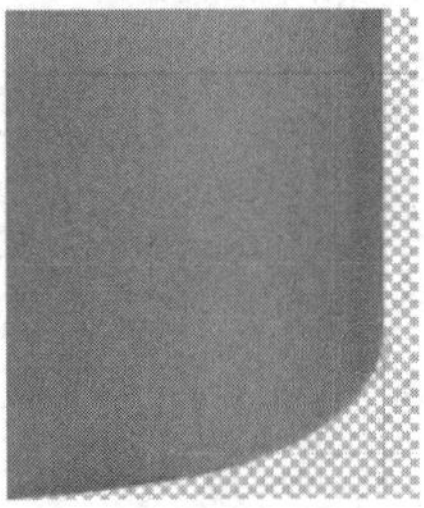 图 9-15

任务 4　塑造立体感

任务说明	解决思路	结果
塑造立体感	（1）管身铺光，按照结构线的形式来补光，按原有的光结构进行绘制，使管身更加饱满、生动； （2）管身与盖子接口处绘制暗部阴影，加强结构表现； （3）底部盖子的立体塑造	效果图（图 9-16） 图 9-16

任务 5　贴瓶标

任务说明	解决思路	结果
贴瓶标	（1）使用干净的原始瓶贴文件进行贴标； （2）导入 AI 源文件，导入为智能对象，调整大小与位置摆放好； （3）调整图像与文字的弧度，使其产生透视感，注意水平线的位置	

任务 6　调整细节，统一整体光影效果

任务说明	解决思路	结果
调整细节，统一整体光影效果	（1）认真检查是否有不合适的细节瑕疵； （2）统一整体的光影效果； （3）添加阴影投影，强化空间感； （4）强化视觉表现，通过 Camera Raw 滤镜可以使光影与色调风格化	效果图（图 9-17），见附录 2　彩图附-41 图 9-17

9.3　示范项目二：菜籽油瓶精修

课前思考：

什么是产品上的瑕疵？

怎样的产品展示效果是合格的？

9.3.1　问题陈述

现需要对一款菜籽油进行产品宣传，海报上要放置产品照片，但发现拍摄的产品照片瑕疵太多，颜色也不好（图 9-18，附录 2　彩图附-42），整体效果非常差，如何才能完美展示产品又不失真实呢？

图 9-18

9.3.2　准备工作

计划：

任务 1　寻找标杆图

任务 2　观察与分析

实施：

任务 1　寻找标杆图

任务说明	解决思路	结果
寻找标杆图	在各大电商网站浏览同类产品，寻找满意的呈现效果	寻找到符合问题描述的标杆图（图 9-19） 图 9-19

任务 2　观察与分析

任务说明	解决思路	结果
对比标杆图与现有图，研究其差异性在哪里	从以下五个角度对已有产品照片进行分析： （1）视平； （2）受光； （3）外形； （4）颜色； （5）瑕疵	通过观察图 9-20 可以看出，这是一个透明的玻璃瓶，由于拍摄环境光线不是很好，反光点比较散乱，瓶身显得比较脏，平行不够整齐，瑕疵较多，颜色暗淡，瓶贴曝光不足，整体拍摄无法体现玻璃瓶的光亮感和油品的品质，这些都是在后期精修的时候需要充分考虑予以美化的部分。另外，寻找视平线和光源方向可以帮助在后期进行立体感塑造的时候提供透视和光影变化的依据 图 9-20

9.3.3 实施解答

计划:

任务1 整理外形

任务2 抠图

任务3 修瑕

任务4 塑造立体感

任务5 贴瓶标

任务6 调整

实施:

任务1 整理外形

任务说明	解决思路	结果
整理外形	(1)通过辅助线查看歪斜的外形(图9-21); (2)使用变换工具把外形整理端正 图9-21	效果图(图9-22) 图9-22

任务 2　抠图

任务说明	解决思路	结果
把产品从背景中抠出来	抠图的逻辑：不同材质、不同结构的部分分开扣出；两部分连接的地方，一边精确扣型，另一边要多抠出一部分，以防止露白	过程图（图 9-23 和图 9-24） 路径 1 路径 2 路径 3 路径 4 路径 5 图 9-23 瓶盖 效果 投影 瓶身上 瓶身中 瓶底 整体 图 9-24

任务 3　修瑕

任务说明	解决思路	结果
修正瑕疵	修瑕的逻辑：不净使其净，尽量均匀	效果图（图 9-25） 图 9-25

任务 4　塑造立体感

任务说明	解决思路	结果
塑造立体感	使用渐变等工具绘制出三大面五大调,产生立体感	过程图(图 9-26 至图 96-28) 图 9-26 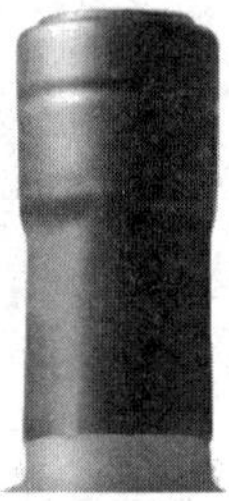　图 9-27  图 9-28

任务 5　贴瓶标

任务说明	解决思路	结果
贴瓶标	注意瓶标的立体感,弧度与宽窄都需要做相应的调整	效果图(图 9-29)  图 9-29

任务 8　调整

任务说明	解决思路	结果
调整	逐步绘制光影	效果图(图 9-30),见附录 2　彩图附-43 图 9-30

9.3.4　再想一想

(1)修瑕包括修正哪些内容?

(2)在什么情况下需要对产品进行重新绘制?

(3)如何使产品更有立体感?

(4)如何使产品更光彩夺目?

9.4　实践项目:化妆品产品精修

9.4.1　问题陈述

9.4.2　准备工作

9.4.3　实施解答

9.4.1 问题陈述

手机拍摄一件化妆品并进行精修,达到电商展示水准。

9.4.2 准备工作

计划:

任务 1

任务 2

实施:

任务 1

任务说明	解决思路	结果

任务 2

任务说明	解决思路	结果

9.4.3 实施解答

计划:

任务 1

任务 2

任务 3

任务 4

任务 5

任务 6

实施：

任务 1

任务说明	解决思路	结果

任务 2

任务说明	解决思路	结果

任务 3

任务说明	解决思路	结果

任务 4

任务说明	解决思路	结果

任务 5

任务说明	解决思路	结果

任务 6

任务说明	解决思路	结果

9.5 小结

目标完成情况

在本课,已经学到:

√ 产品修瑕技巧;

√ 产品铺光技巧;

√ 产品结构塑造技巧;

√ 产品精修步骤。

9.5.1 产品修瑕技巧

修瑕原则:以好充次,取优补劣;不净使其净,不整使其整。

取舍判断:脏乱差,琐碎过多,变化过多;不规整,不直,不圆,不方,不成型,不够。

9.5.2　产品铺光技巧

（1）三大关系：明暗关系，空间关系，结构关系。

（2）四大变量：宽度，模糊度，强度，位置。

（3）材质表现。

①表面材质：光滑表面，漫反射表面，硬光，软光，强光，弱光。

②内部材质：透，不透，半透。

（4）塑造体积：三大面五大调。

（5）投影与倒影。

9.5.3　产品结构塑造技巧

（1）结构分析。

（2）转折。

（3）透视。

（4）负型妙用。

（5）高光。

9.5.4　产品精修步骤

（1）找参考。

（2）观察与分析。

（3）修图。

① 整理外形。

② 抠图。

③ 修瑕。

④ 立体结构塑造。

⑤ 光影强化。

9.6　技术参考

目标

在这一部分，读者将学到：

√ 产品修瑕技巧；

√ 产品结构与铺光技巧。

9.6.1 产品修瑕技巧

9.6.1.1 修瑕原理

1)修瑕原理

以好充次，取优补劣；不净使其净，不整使其整（图9-31）。

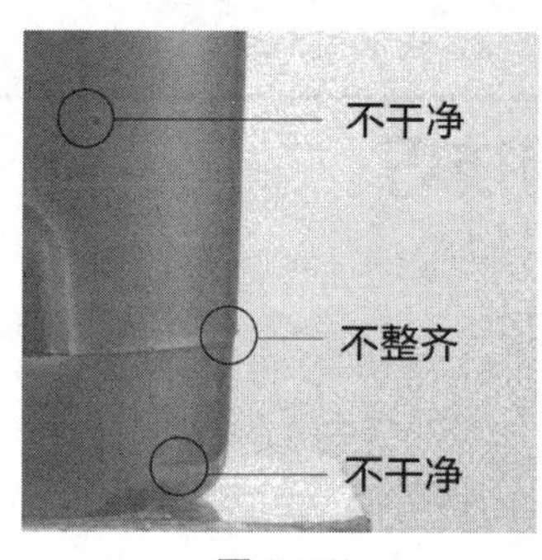

图9-31

2)取舍判断

脏乱差，琐碎过多，变化过多；不规整，不直，不圆，不方，不成型，不够。

9.6.1.2 检查器

在图层的最上方建立一组检查器图层，可以放大图像表面的色差的细节变化，可用来观察瑕疵修复效果。

建立检查器的步骤如下：

(1)添加一个黑白图层样式；

(2)添加曲线样式，并进行调整，使得瓶身上的瑕疵能够更清晰的显示出来（图9-32）。

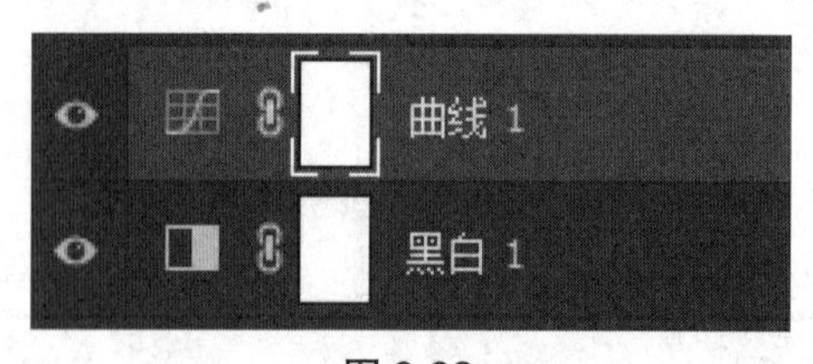

图9-32

注意：曲线没有固定的参数形式，应以实际看清细节为标准进行调整。

9.6.1.3　修瑕工具

（1）仿制图章（图 9-33）。

图 9-33

（2）修复类工具：污点修复画笔修复画笔、修补工具（图 9-34）。

图 9-34

9.6.1.4　笔样关系

笔样关系包括角度、距离。

修复画笔与仿制图章中都有一个样本存在。这个样本的位置会跟随画笔位置的移动而变化。因此，需要注意调整好样本与画笔的位置。

9.6.1.5　补瑕手法

在进行修复操作的时候，通过点击鼠标或者拖动鼠标来进行强弱的控制。

（1）强补：多点少抹。

（2）弱补：少点多抹。

（3）图章：消除肌理。

（4）修复画笔：保留肌理。

9.6.1.6　钢笔抠图

在进行抠图的时候，使用钢笔工具描摹边界进行精细抠图。

需要注意的问题如下：

（1）对称形状对称轴两边的锚点数量位置、手柄角度应保持一致；

（2）转角处使用两个锚点做出弧度，贴合真实产品外形；

（3）锚点手柄应保持切线方向（图 9-35）。

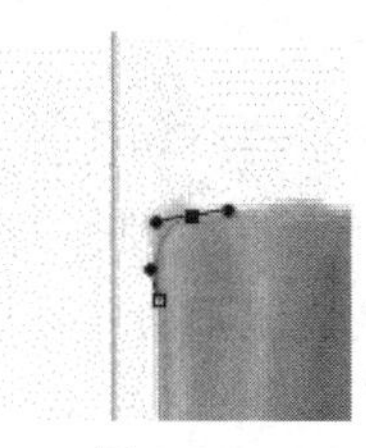

图 9-35

9.6.2 产品结构与铺光技巧

9.6.2.1 三大关系

1)明暗关系

明暗关系是塑造一切其他关系的基本形式。

物体在二维的屏幕或纸张上表现出三维空间的立体感和纵深的空间感都是通过明暗的变化来实现的。

2)空间关系

空间关系是指在二维空间中通过明暗对比与透视原理表现出物体前后距离感。

3)结构关系

结构关系是指物体自身立体构成上的长、宽、高、纵深和凹陷、凸起、转折变化等基本结构。需要在二维空间上对三维的结构进行清晰的表达。

9.6.2.2 四大参数

1)宽度

宽度是指画笔宽度的控制。无论是修瑕还是铺光,画笔的宽度都是不断变化的,需要根据周围实际情况来不断调整,力求做到过渡自然、效果真实。

2)模糊度

在做光感过渡的时候笔触模糊度大小与变化会对过渡是否自然产生很大影响。

3)强度

强度是指亮暗变化的强度。

4)位置

光影、转折、结构塑造,每一笔的位置要有所把控。

9.6.2.3 材质表现

材质的组成可以从表面和内部的不同表现对材质进行分类。

表面材质分为光滑表面,漫反射表面,硬光,软光,强光,弱光。

内部材质分为透、不透、半透。

以下对一些常见材质进行简单分析。

1)塑料材质

塑料材质又称哑光材质,为漫反射表面,多为不透明。当光投射在该种材质的产品上时,反光模糊,明暗过渡均匀。

塑料材质可以细分为硬质塑料、软质塑料和透明塑料。当光投射到硬质塑料产品上时,其反射效果强烈,并且在一些边缘区域会形成硬朗的光;当光源投射到软质塑料产品上时,其光线过渡相比硬质塑料产品来说没那么明显,并且反光较模糊。

2)金属材质

当光投射到金属材质的产品上时，反光较强，在产品表面呈现出由深到浅的光影过渡效果，且过渡距离较短，明暗反差较大。

3)玻璃材质

玻璃材质的产品最大的特点就是透明，当光投射到该类材质的产品上时，由于其反射能力较强，在产品的边缘会出现一条非常明显的边缘线，也被称为灵魂线，这在修图过程中对于表现玻璃材质的特点非常重要。

9.6.2.4　塑造体积

通过准确的刻画两大部三大面五大调来完成体积感的塑造。

1)两大部

受光的亮部和背光的暗部

2)三大面

受光面、侧光面、背光面(白、灰、黑)。

3)五大调

高光、灰面、明暗交界线、反光、投影。

高光、反光和明暗交界线的塑造要注意与三大面的融合。在形状和位置上要符合光源与形体结构对光遮挡的实际情况。做好五大调是使体积感鲜明生动的关键。

对称或规则的几何形态产品，可以使用渐变工具先进行三大面的布置，然后再进行五大调的细节描绘。

4)单侧光

由于光影是光投射在物体上形成的，所以物体的受光效果在很大程度上决定了光影的表现形式，因此需要了解光源的位置，在产品修图中非常常用，不光形式为单侧光，单侧光一般由三盏灯组成，针对产品摄影来说，如果在拍摄前将一盏灯直接投射到产品的左侧，则会在产品的左边形成一个主光面，这时如果在产品的右侧放置一块反光板，则物体的右边会形成一个辅光面，如果在产品背景前面有两盏灯直接投射到背景的反光板上，这时在产品的左右两侧则会形成反光，这就是单侧光(图 9-36)。

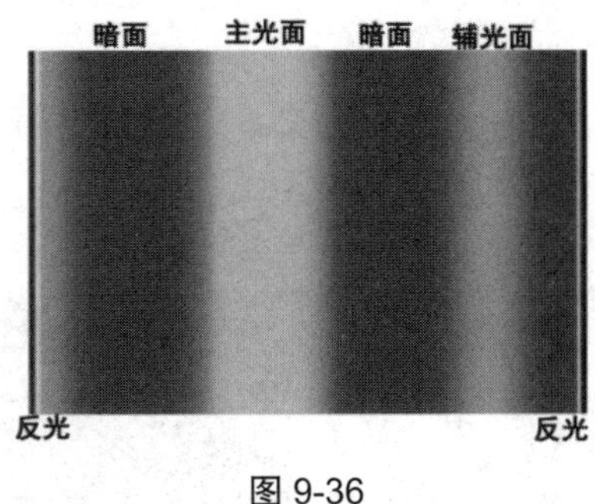

图 9-36

第 10 课

女神的诞生——人物精修

目标

在本课,读者将学到:

√ 人物修瑕技巧;

√ 高低频磨皮;

√ 人物外形再塑造;

√ 根据性格做肤色调整。

10.1 开始

1)中性灰

50%灰度的柔光图层,对需要调整的图层没有效果,在此图层上使用 10%左右的黑或白可以对调整层进行加深与减淡的细节操作。

2)高低频磨皮

利用高反差保留等操作可以在修掉瑕疵的情况下仍然保留肌肤的肌理效果。

3)肤色调整

根据创意要求的效果对肤色进行调整,可以改变整体的画面风格,使人物画面更加符合设计要求。

10.2 示范项目一:运动女性人物精修

课前思考:

运动女性的健康审美标准是什么样子的?

人物肌肤的修瑕与产品有什么不同?

10.2.1 问题陈述

现有一张人物运动的图片(图 10-1,附录 2 彩图附-44),这张照片有什么问题吗?如何能够更好地展示人物运动后的健康状态?

图 10-1

10.2.2　准备工作

计划:

任务 1　寻找标杆图

任务 2　观察与分析

实施:

任务 1　寻找标杆图

任务说明	解决思路	结果
寻找标杆图	在各网站浏览,寻找满意的呈现效果	寻找到符合问题描述的标杆图(图 10-2)  图 10-2

任务 2　观察与分析

任务说明	解决思路	结果
对比标杆图与现有图片,研究其差异在哪里	从以下四个角度对素材照片进行分析: (1)皮肤的光洁度; (2)肤色; (3)环境; (4)人物的生动性	皮肤不够光洁;肤色白皙,缺乏血色;环境为夜间运动;人物性格的塑造应该为健身达人,要有非常健康的肤色;更加生动的面部造型(图 10-3)  图 10-3

10.2.3　实施解答

计划：

任务 1　高低频磨皮之低频修瑕

任务 2　高低频磨皮之高频修复

任务 3　五官立体塑造

任务 4　肤色调整

任务 5　整体调整

实施：

任务 1　高低频磨皮之低频修瑕

任务说明	解决思路	结果
面部低频修瑕，对面部明显的瑕疵进行修补	（1）建立观察层，可以更好地查看面部瑕疵； （2）使用中性灰进行大的瑕疵的修补	效果图（图 10-4） 图 10-4

任务 2　高低频磨皮之高频修复

任务说明	解决思路	结果
通过磨皮得到完美光洁的肌肤	（1）盖印图层； （2）反向； （3）线性光； （4）高反差保留； （5）高斯模糊； （6）边缘处理	效果图（图 10-5） 图 10-5

任务 3 五官立体塑造

任务说明	解决思路	结果
五官更有立体感,更精准	(1)暗部压暗; (2)亮部提亮; (3)鼻翼处理; (4)柔化高光; (5)眼珠处理	效果图(图 10-6)  图 10-6

任务 4 肤色调整

任务说明	解决思路	结果
肤色调整为更有健康感的小麦色	(1)降低饱和度; (2)添加红色; (3)降低明度; (4)加大明度对比	效果图(图 10-7)  图 10-7

任务 5　整体调整

任务说明	解决思路	结果
通过 Camera Raw 滤镜做整体调整	(1)加强清晰度； (2)四角压暗； (3)色彩微调	效果图(图 10-8),见附录 2　彩图附-45 图 10-8

10.2.4　再想一想

(1)人物修瑕一般修正哪些内容?

(2)什么样的皮肤才是完美的皮肤?

(3)如何使人物更有个性?

(4)如何使人物更光彩夺目?

10.3　示范项目二：公主妆美妆精修

10.3.1　问题陈述

对一张给定的人像图片(图 10-9,附录 2　彩图附-46)进行美化精修处理,使照片更有风采,表现出一定的人物个性风格。

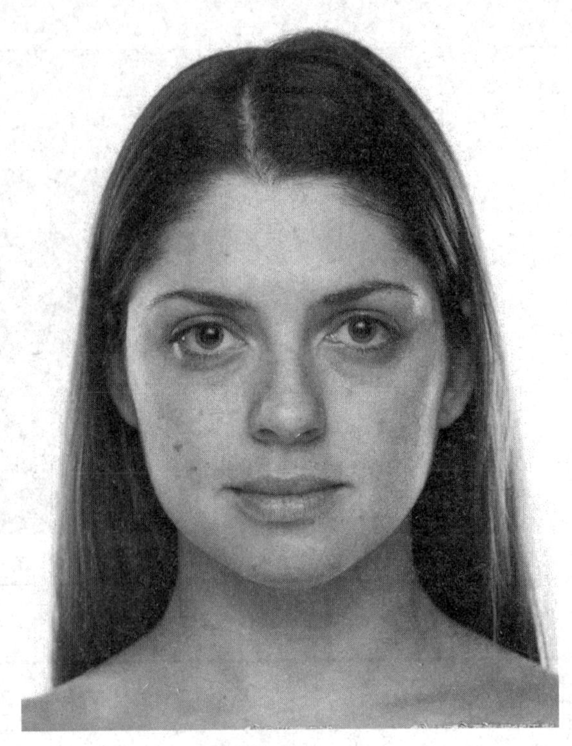

图 10-9

10.3.2　准备工作

计划:

任务 1　观察分析素材图片

任务 2　寻找参照标杆图

实施:

任务 1　观察分析素材图片

任务说明	解决思路	结果
观察分析素材图片	(1)查看素材图片,这张图片人物为年轻女性,五官端正,图片清晰,但面部皮肤比较粗糙,痤疮、斑点较为明显,肤色较苍白; (2)人物精修风格定位,现有图片人物端正大方,可以考虑在修瑕之后绘制公主妆容,美丽明艳	(1)找出照片现有问题,如皮肤粗糙、有痤疮斑点、肤色苍白、没有立体感; (2)确定精修风格:根据人物现有形象定位为明艳的公主妆

任务 2　寻找参照标杆图

任务说明	解决思路	结果
寻找参照标杆图	根据现有图片人物特征，寻找公主风格的人物照片以备参考	效果图（图 10-10）  图 10-10

10.3.3　实施解答

计划：

任务 1　面部修瑕

任务 2　高低频磨皮

任务 3　五官立体塑造

任务 4　上妆

任务 5　添加背景

任务 6　整体调整

实施：

任务 1　面部修瑕

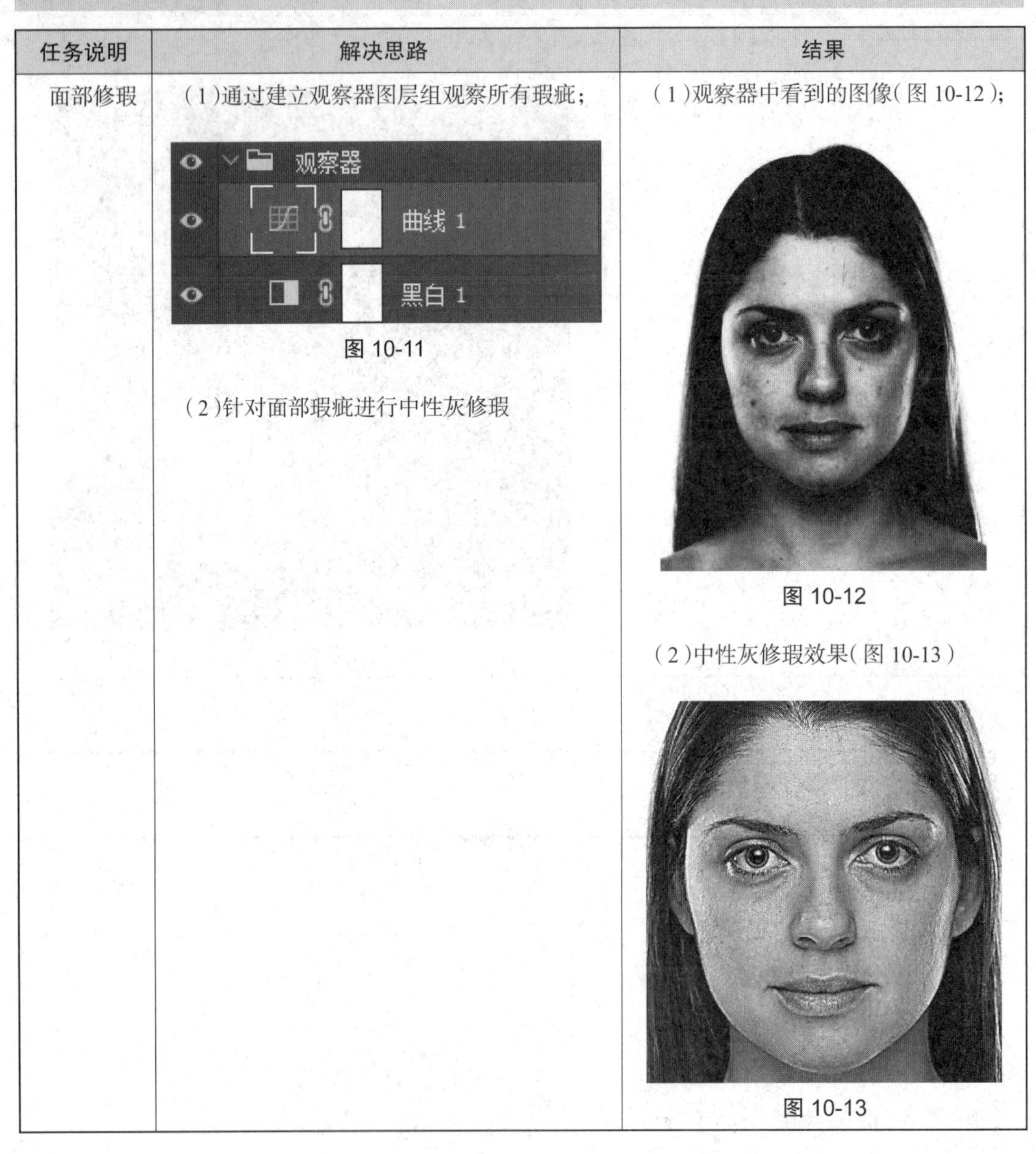

任务说明	解决思路	结果
面部修瑕	（1）通过建立观察器图层组观察所有瑕疵； 观察器 曲线 1 黑白 1 图 10-11 （2）针对面部瑕疵进行中性灰修瑕	（1）观察器中看到的图像（图 10-12）； 图 10-12 （2）中性灰修瑕效果（图 10-13） 图 10-13

任务 2　高低频磨皮

任务说明	解决思路	结果
高低频磨皮	使用高低频磨皮均匀面部颜色,并强化质感	磨皮效果(图 10-14) 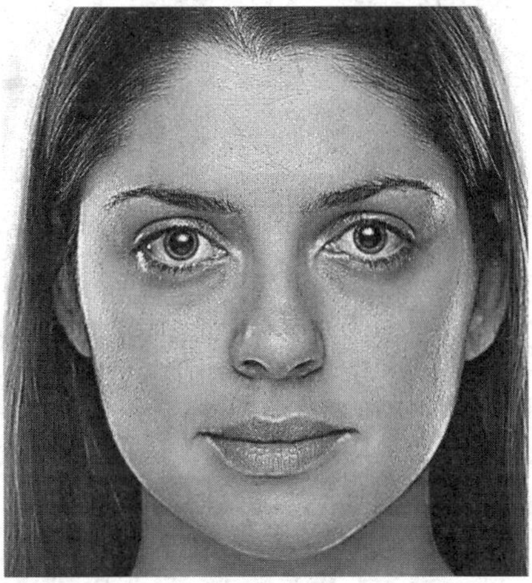 图 10-14

任务 3　五官立体塑造

任务说明	解决思路	结果
五官立体塑造	建立一个中性灰图层,使用画笔工具在本图层上进行立体塑造,暗面压暗,亮部补光,让面孔立体感更强,更加生动	效果图(图 10-15) 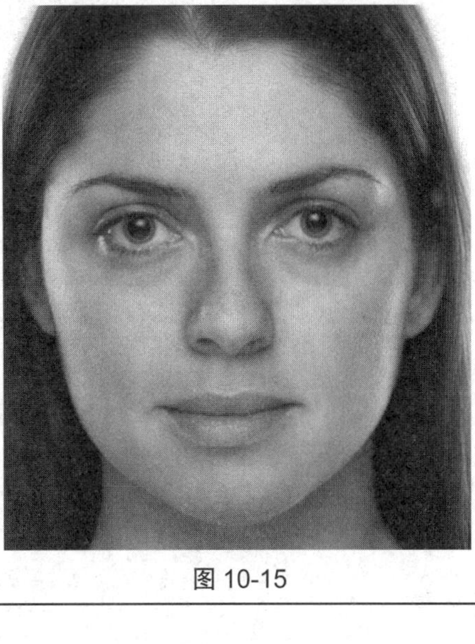 图 10-15

任务4　上妆

任务说明	解决思路	结果
使用绘制的方法为人物进行上妆	（1）扑粉，使得面部更加白皙均匀； （2）口红，嘴唇上色； （3）脸部妆，包括鼻部、眉骨高光、两侧腮红等； （4）眼妆，洁净眼白、瞳孔加光、眼影、睫毛加长； （5）整体调整。 注意：每种妆容绘制在不同的图层上，这样更容易控制和调整	效果图（图 10-16） 图 10-16

任务5　添加背景

任务说明	解决思路	结果
添加背景	（1）添加一个背景图片，背景图要能够更好地衬托人物形象； （2）进行人物与背景的融合	效果图（图 10-17） 图 10-17

任务 6　整体调整

任务说明	解决思路	结果
整体调整	对整体效果再次观察并做细节调整，使用图层盖印(Ctrl+Alt+Shift+E)，然后使用 Camera Raw 滤镜进行一些色调统一性的调整，并添加晕影，注意不要太过	效果图(图 10-18)，见附录 2　彩图附-47 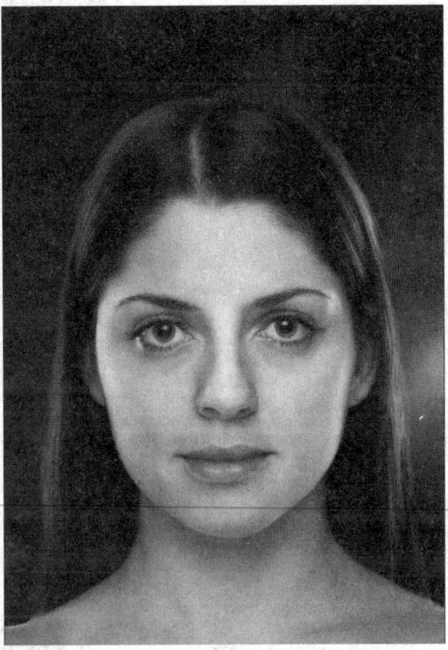 图 10-18

10.4　实践项目：女王妆换脸照

10.4.1　问题陈述

现有一张女性照片(图 10-19，附录 2　彩图附-48)，在图 10-20 和图 10-21 中挑选一张合适的图片，把她的脸换成图 10-19 女性的脸。

图 10-19

图 10-20

图 10-21

10.4.2 准备工作

计划：

任务 1

任务 2

实施：

任务 1

任务说明	解决思路	结果

任务 2

任务说明	解决思路	结果

10.4.3　实施解答

计划：

任务 1

任务 2

任务 3

任务 4

任务 5

任务 6

实施：

任务 1

任务说明	解决思路	结果

任务 2

任务说明	解决思路	结果

任务 3

任务说明	解决思路	结果

任务 4

任务说明	解决思路	结果

任务 5

任务说明	解决思路	结果

任务 6

任务说明	解决思路	结果

10.5　小结

目标完成情况

在本课,已经学到:

√ 人物修瑕技巧;

√ 高低频磨皮;

√ 人物外形再塑造;

√ 根据性格做肤色调整。

10.5.1　人物修瑕技巧

本节课使用的修瑕手段是中性灰修瑕。通过柔光中性灰图层的白色提亮、黑色压暗的原理,进行细节调整,从而改变皮肤上的瑕疵。

10.5.2　高低频磨皮

高低频磨皮的基本原理是先使用中性灰把大的瑕疵修正完,再通过高反差保留把肌肤上的肌理细节更加清晰地表现出来,从而加强照片的质感。具体操作步骤如下:

(1)中性灰图层修瑕;

(2)盖印图层(Ctrl+Alt+Shift+E);

(3)反向;

(4)线性光;

(5)高反差保留;

(6)高斯模糊;

(7)边缘处理。

10.5.3 人物外形再塑造

一般经过修瑕与磨皮后，人物的立体感不会得到加强甚至会更加弱化，这样的形象缺乏生动性。因此，要通过立体感的塑造使人物更鲜活生动。具体操作步骤如下：

（1）根据人体结构塑造面部轮廓；

（2）光影塑造；

（3）五官加强；

（4）眼部光感细化。

10.5.4 根据性格做肤色调整

（1）性格风格定位。

（2）找参考。

（3）调整肤色与整体色调。

10.6 技术参考

目标

在这一部分，读者将学到：

√ 中性灰原理与应用；

√ 高低频磨皮原理与应用；

√ Camera Raw 滤镜。

10.6.1 中性灰原理与应用

10.6.1.1 图层混合模式-柔光

柔光的图层混合模式就是当两个图层混合的时候，柔光层是明度 50%的灰色时，不会对其下面图层产生任何影响；使用明度高于 50%的灰色时，下层图层被提亮，白色时最亮；使用明度低于 50%的灰色时，下层图层被压暗，黑色时最暗。

10.6.1.2 中性灰图层

利用柔光的混合原理，同一个图层就可以对被调整图层完成提亮与压暗，使用一个柔光图层来对被调整图层进行局部的提亮与压暗操作。

建立中性灰图层的方法如下。

（1）新建图层（快捷键 Ctrl+Shift+N）（图 10-22）。

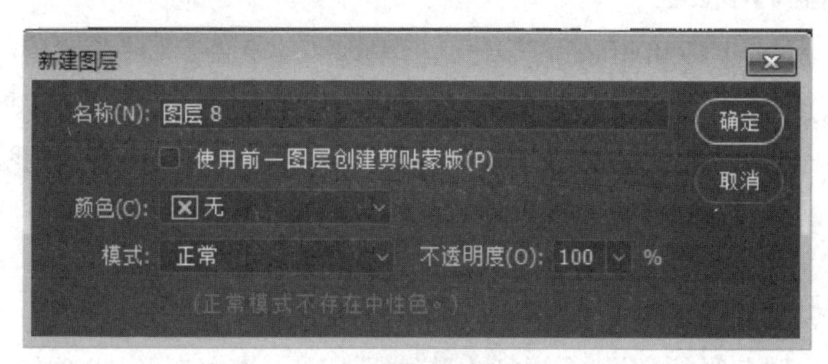

图 10-22

（2）模式选为柔光，勾选填充柔光中性色（50%灰）选项（图 10-23）。

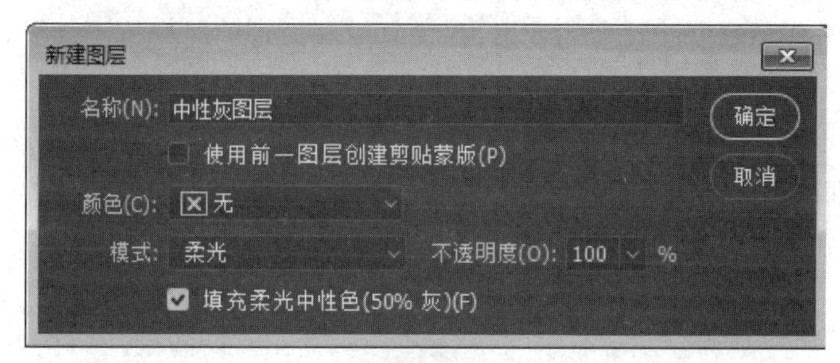

图 10-23

（3）前景色与背景色分别设置为黑和白，可使用快捷键（X）翻转前景色与背景色（图 10-24）。

图 10-24

（4）选择一款柔边画笔工具，透明度调整为 10%左右（图 10-25）。如果使用数位板可关闭压力感应。

图 10-25

（5）在这个图层上使用画笔工具一点一点认真细致地进行操作。注意：笔头大小要小于修复区大小。对需要提亮的地方使用白色画笔绘制，需要压暗的地方使用黑色画笔绘制。

10.6.2 高低频磨皮

10.6.2.1 基本原理

我们的脸上,由于生理和环境的原因,总会出现一些瑕疵。如在我们白皙的脸上,会出现一个黑色的斑点,这个因为皮肤各部分纹理明暗亮度不一样而导致的瑕疵,叫暗斑。或者,我们皮肤本身的纹理有凸起或者凹陷,叫作痘痘或者疤痕。又或者,在我们白皙的脸上,会出现一个红色的斑点,这个因为皮肤本身颜色不一样而导致的瑕疵,叫色斑。

究竟如何才能快速地修复这些由于皮肤纹理明暗亮度不同、皮肤纹理高低不同和皮肤本身颜色不同所导致的瑕疵呢?

通常在修复皮肤色彩的时候,会误把皮肤纹理处理得模糊变形,或者在修复皮肤纹理的时候,误把皮肤颜色处理得很不统一。

为了解决这个问题,可以把皮肤颜色部分和皮肤纹理部分分开来修复,这样在修复皮肤颜色的时候便不会导致皮肤纹理的变形,在修复皮肤纹理的时候也不会导致皮肤颜色的变化。

高低频磨皮的"高"与"低"有分开处理的寓意,即将皮肤的纹理和颜色分开,将皮肤纹理的信息储存在高频的图层中,将皮肤颜色的信息储存在低频的图层中,从而分开皮肤的颜色和纹理,达到快速修复皮肤的效果。

10.6.2.2 低频图层

低频图层用来存储肤色信息。使用中性灰图层作为低频图层完成大的瑕疵的修复,再使用表面模糊去掉斑点,当然同时面部的皮肤纹理会被破坏。

10.6.2.3 高频图层

高频图层用来存储皮肤纹理信息,具体用到的手段如下。

1)图像反向

使用图像调整菜单中反向命令,对原始图片进行反向处理。

反向的概念是把画面中每个像素的 RGB 值改为用 225 减去的数值。所得到的画面会会把原本比较接近的颜色区分开,多用在抠图操作中。在本案例中,图像反向后再进行高反差保留,会更好地把面部不明显的纹理展现出来。

2)高反差保留

滤镜中的高反差保留功能,通俗来说,就是保留照片中反差比较大的部分,剩下的部分都会变成灰色。

高反差保留的作用和使用技巧如下。

(1)高反差保留最主要的作用是可以让轻微模糊的照片变得更加清晰,同时颗粒感还不明显。

(2)高反差保留的使用技巧是让照片变得更加清晰,即可利用这个作用来磨皮。

因为大多数磨皮时，皮肤表面会变得模糊，尤其是轮廓线位置，此时就可以在模糊（如高斯模糊）的图层上再新建一个使用"高反差保留"的图层，这一图层以看到轮廓线、面部有轻微的质感为止，然后叠加在模糊的图层上面，这样就可以保证人物重要的部位有轮廓线，同时面部光滑的区域还有质感，这个要配合混合模式才能使用。

注意事项：先做高反差保留，然后再做模糊处理。

3）线性光

线性光模式是一个由混合色决定混合效果的模式，混合色的明暗决定了混合色的混合方式，线性光模式会去除中性灰，中性灰以上的浅灰到纯白色区域自动执行颜色减淡模式，中性灰以下的深灰到纯黑区域自动执行颜色加深模式，从混合色中识别中性灰以上或以下的区域，再叠加到肤色上，结果色会根据混合色的明暗来决定是变暗还是提亮。

10.6.2.4　总结说明

高低频磨皮的基本原理就是建立两个处理图层，第一个所谓的低频图层用来进行修瑕，另一个高频图层用来提高图片的清晰度显示肌理。具体操作会根据图片和使用习惯略有不同。本课程中，所提到的低频图层主要使用中性灰修瑕的方法加上一定程度的模糊处理来完成，而在高频图层使用了"反向""高反差保留"，来加大肌理的效果，最后把高反差保留的图层使用线性光叠加到低频图层上。整个操作注意度的把握，可以通过图层的"透明度"的调整来进行。

10.6.3　Camera Raw 滤镜

10.6.3.1　概述

Camera Raw 软件是作为一个增效工具随 Adobe After Effects® 和 Adobe Photoshop 一起提供的，并且还为 Adobe Bridge 增添了功能。Camera Raw 为其中的每个应用程序提供了导入和处理相机原始数据文件的功能，也可以使用 Camera Raw 来处理 JPEG 和 TIFF 文件。

10.6.3.2　使用 Camera Raw 处理图像

颜色调整包括白平衡、色调以及饱和度。可以在"基本"选项卡上进行大多数调整，然后使用其他选项卡上的控件对结果进行微调。如果希望 Camera Raw 分析图像并应用大致的色调调整，可单击"基本"选项卡中的"自动"。

使用"Camera Raw"对话框中的其他工具和控件执行如下任务：对图像进行锐化处理、减少杂色、纠正镜头问题以及重新修饰（图 10-26）。

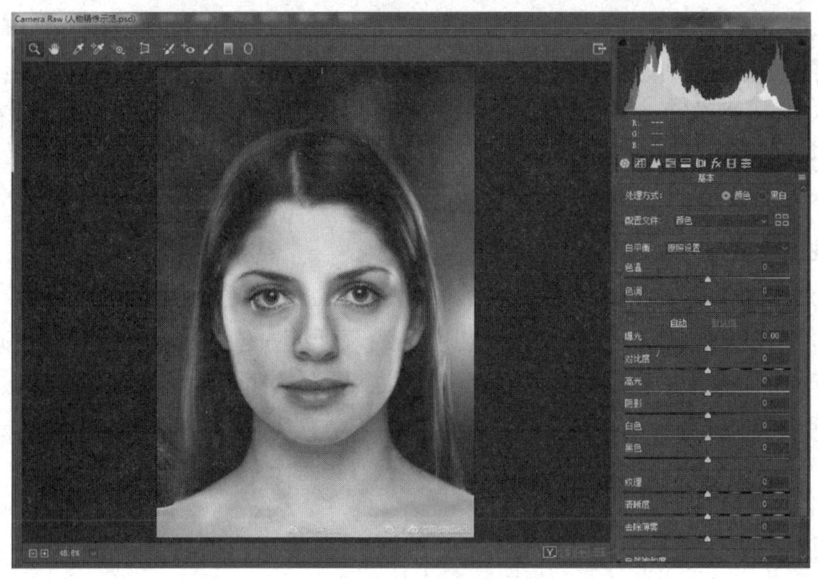

图 10-26

以下是有关“编辑”面板的详细信息(图 10-27 和图 10-28)。

图 10-27

图 10-28

“基本”,可使用滑块对白平衡、色温、色调、曝光度、高光、阴影等进行调整。

“曲线”,可使用曲线微调色调等级,还能在参数曲线、点曲线、红色通道、绿色通道和蓝色通道中进行选择。

“细节”,可使用滑块调整锐化、降噪并减少杂色。

“混色器”,可在“HSL”(色相、饱和度、明亮度)和“颜色”之间进行选择,以调整图像中的不同色相。

“颜色分级”,可使用色轮精确调整阴影、中色调和高光中的色相,也可以调整这些色相的“混合”与“平衡”。

“光学”,能够删除色差、扭曲和晕影,也能够使用“去边”对图像中的紫色或绿色色相进行采样和校正。

“几何”,调整不同类型的透视和色阶校正,选择“限制裁切”可在应用“几何”调整后快速移除白色边框。

“效果”,可使用滑块添加颗粒或晕影。

"校准",可从"处理"下拉菜单中选择"处理版本",并调整阴影、红主色、绿主色和蓝主色滑块。

"裁剪和旋转",调整"长宽比"和"角度",还可以旋转和翻转图像。

"污点去除",修复或复制图像的特定区域。

"调整画笔",使用"刷子"工具对图像的特定区域进行编辑。

"渐变滤镜",使用平行线建立选区,根据所选区域调整各种控件。

"径向滤镜",使用椭圆建立选区,根据选定区域调整各种控件。

"红眼",轻松去除图像中的红眼或宠物眼,调整"瞳孔大小"或"变暗"。

"快照",创建并保存图像的不同编辑版本。

"预设",访问和浏览适用于不同肤色、电影、旅行、复古等肖像的高级预设,也可以在此处找到"用户预设",只需将鼠标悬停在预设上即可预览,单击即可应用。

"预览",左侧的选定图像显示所应用编辑的预览。通过单击右下角的图标,可以在"修改前"和"修改后"视图之间进行切换。可以在设置之间切换,并平行查看编辑前后的图像。当长按面板的眼睛图标时,也可以暂时隐藏面板中的编辑结果。

其他控件如下。

"缩放工具",使用右侧面板底部的"缩放"工具放大或缩小预览图像。双击"缩放"图标可返回到"适合视图"。还可以使用"胶片"下方的"缩放级别"菜单控制缩放,默认值为100%。

"抓手工具",放大后,使用抓手工具在预览中移动并查看图像区域。在使用其他工具的同时,按住空格键可暂时激活抓手工具,点按两次抓手工具可将预览图像适合窗口大小。

10.6.4　示范项目二　步骤详解

(1)打开素材文件,并复制图层(图 10-29)。

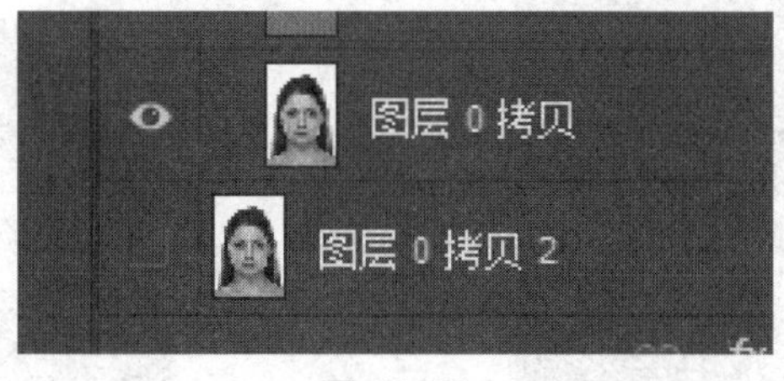

图 10-29

(2)建立一个中性灰图层,进行修瑕(图 10-30)。

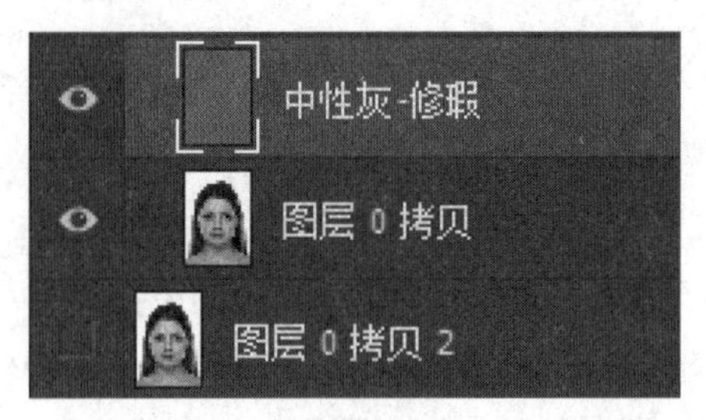

图 10-30

①把前景色与背景色分别调整为黑色与白色,画笔选硬度为 0,透明度<10%(图 10-31)。

图 10-31

②建立观察器组,使瑕疵看得更清晰(图 10-32)。

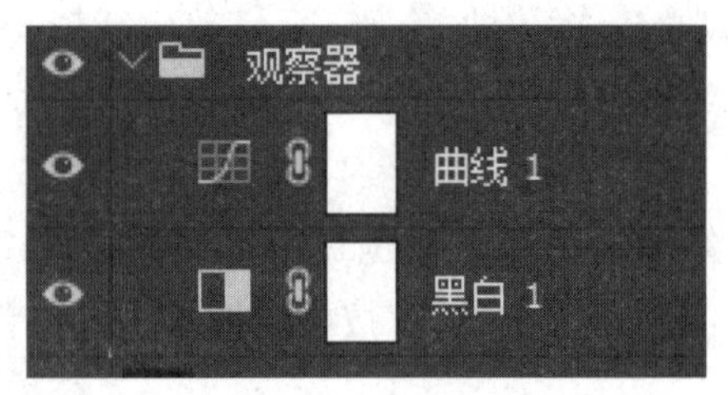

图 10-32

③观察器组包括黑白和曲线两个图层,黑白图层把彩色图变成黑白图,曲线的调整可以加大原本图片上的细节呈现(图 10-33 和图 10-34)。

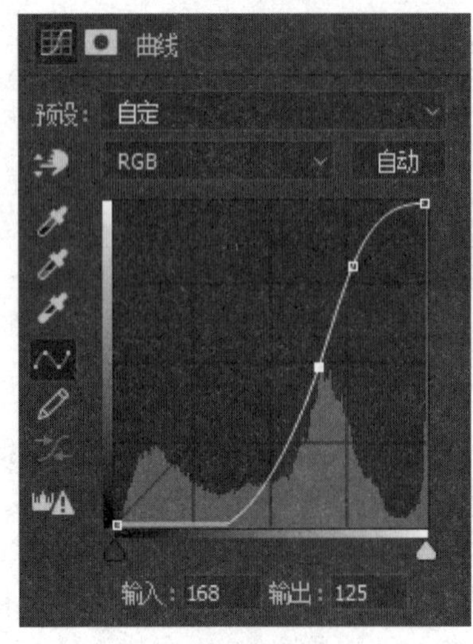

图 10-33

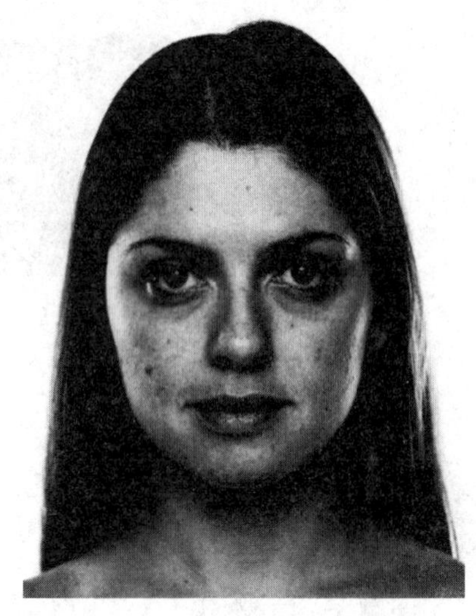

图 10-34

注意：曲线要根据画面情况随时进行调整，过暗的地方可以调亮些，过亮的地方调暗些，目的是看清脸部所有的细节瑕疵。

④针对面部的斑点瑕疵（图10-35）进行点抹，比肤色暗的地方使用白色提亮，比肤色亮的地方使用黑色压暗（图10-36）。仔细操作使面部瑕疵渐渐消失（图10-37）。

注意：整个过程中画笔的大小要不断调整，时刻保持小于瑕疵点的大小。

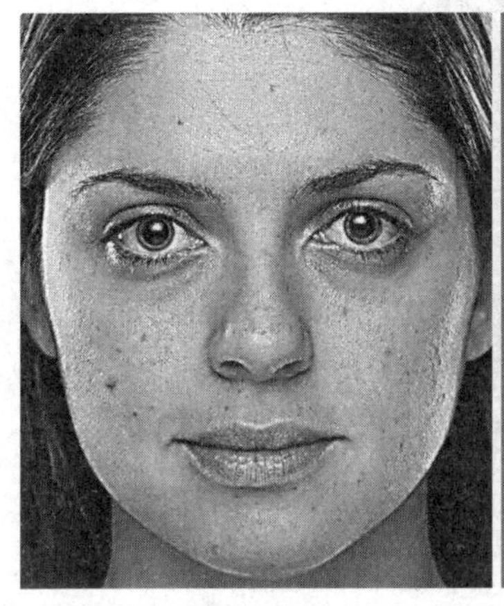

图10-35

图10-36

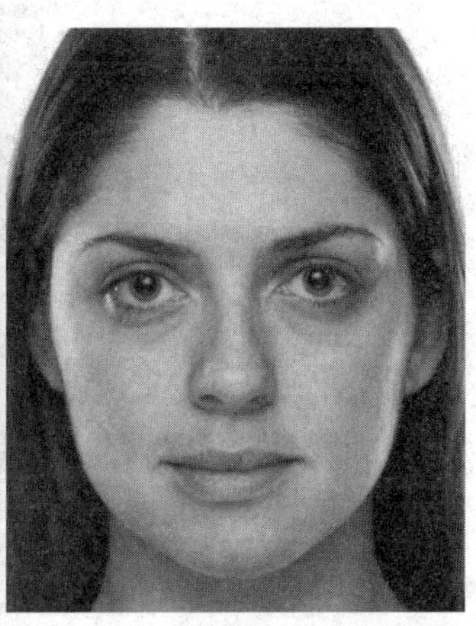

图10-37

（3）通过对肤色的分析，发现鼻头等地方有些发红，使用色相加斜度饱和度提取过红区域微微去红（图10-38和图10-39）。

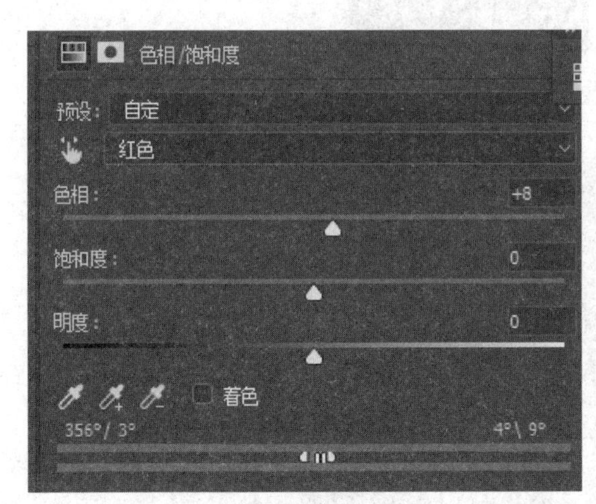

图10-38

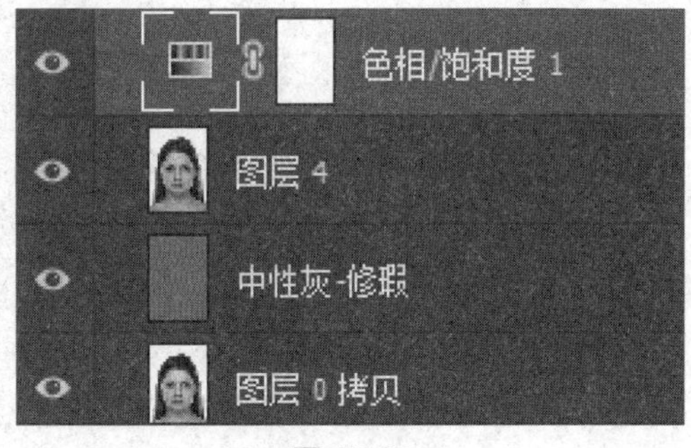

图10-39

（4）高低频磨皮。

①先按Ctrl+J复制图层，然后打开滤镜→其他→高反差保留，半径拉到原来模糊的位置出现细节为止，点击确定，最后在图层模式上选择线性光。

②做高斯模糊，主要模糊人物面部的瑕疵；再把这个模糊图层加个蒙版，用黑画笔把眼耳口鼻头发等细节擦出来即可（图10-40）。

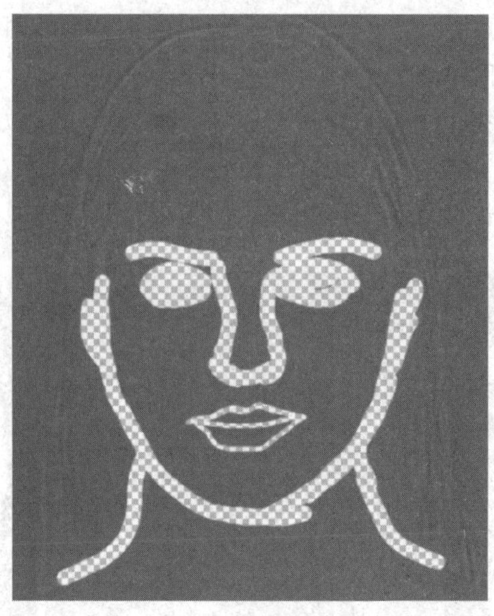

图 10-40

（5）新建一个中性灰图层，做立体塑造（图 10-41），效果如图 10-42 所示。

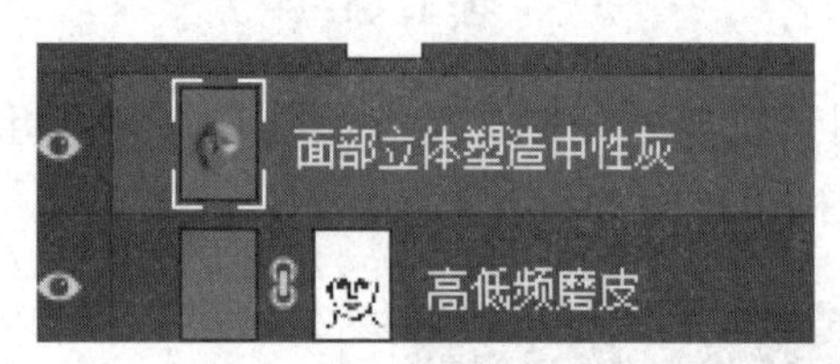

图 10-41

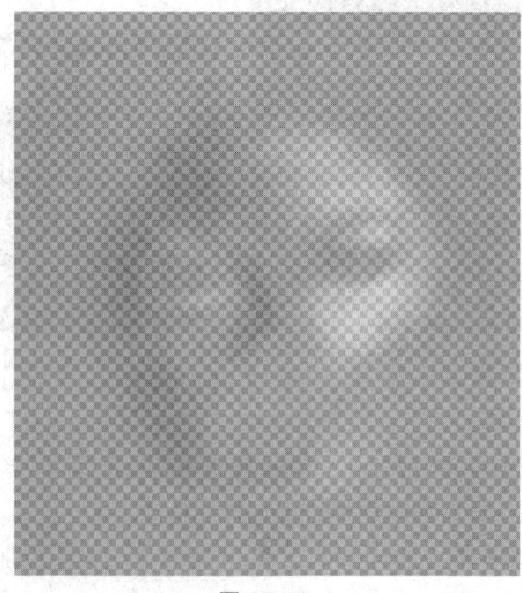

图 10-42

（6）扑粉，调整色相和饱和度（图 10-43）。

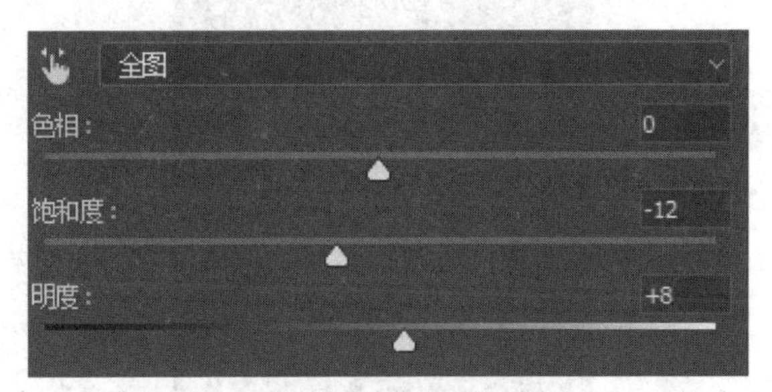

图 10-43

（7）口红，建立一个口红形状的蒙版，添加可选颜色（图 10-44 和图 10-45）。

图 10-44

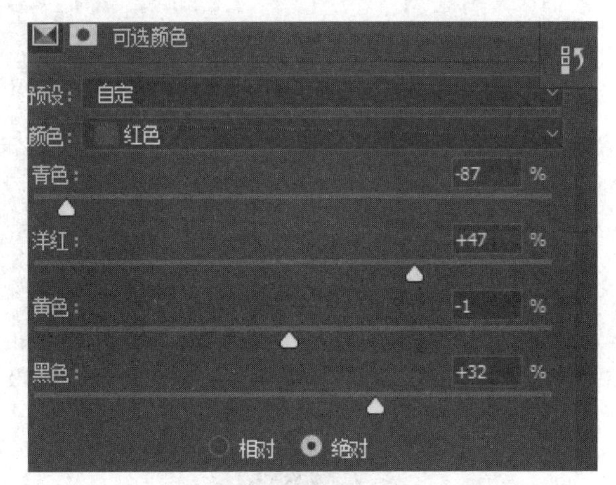

图 10-45

（8）添加一个柔光层，绘制唇上的高光。

（9）添加一个叠加图层，绘制鼻梁上的高光与脸颊上的腮红。

（10）面部扑粉。

（11）头发加高光与阴影。

（12）眼球修饰，添加柔光图层，修饰眼白。

（13）描绘眼影。

（14）添加睫毛。

（15）使用曲线加强效果（图 10-46 至图 10-49）。

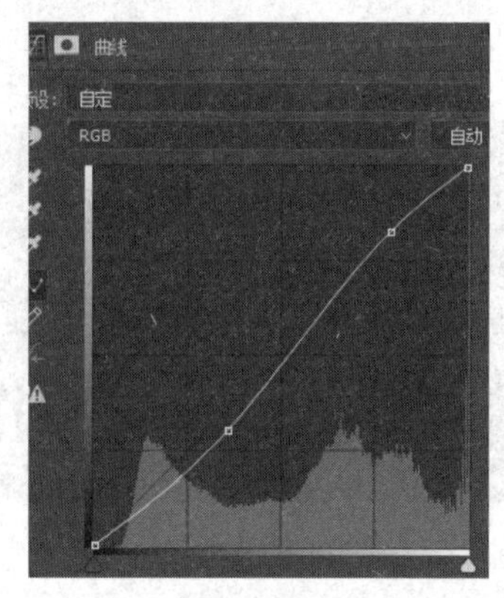

图 10-46

图 10-47

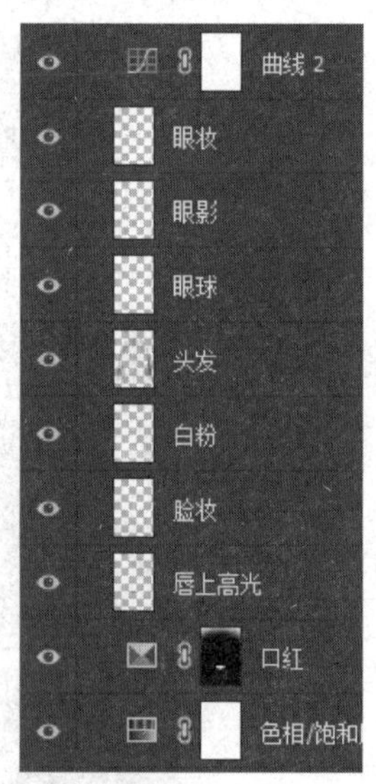

图 10-48

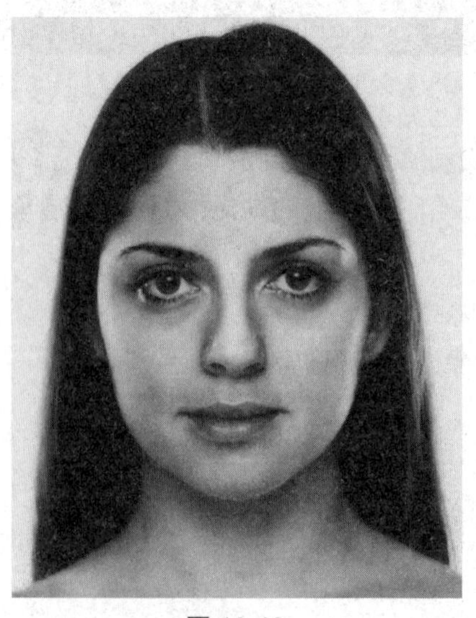

图 10-49

（16）添加背景图片（图 10-50）。

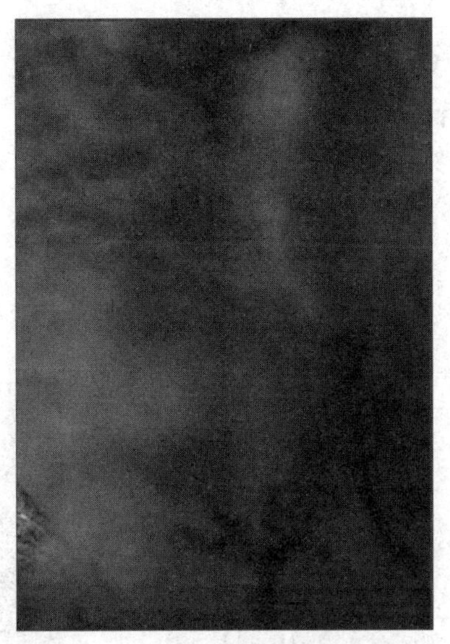

图 10-50

（17）把修饰好的人物复制到背景图层上，并为图层添加蒙版去掉白边（图 10-51）。

图 10-51

（18）使用画笔绘制发丝，让头发更自然（图 10-52）。

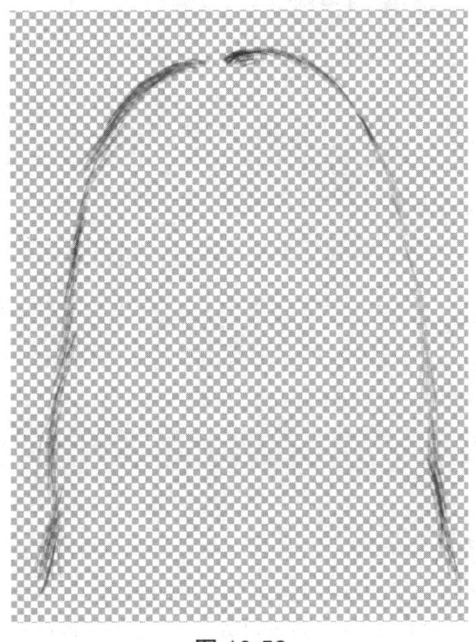

图 10-52

（19）在背景之上、人物之下，添加两个图层绘制两个背光，使人物与背景更加融合（图 10-53 和图 10-54）。

图 10-53

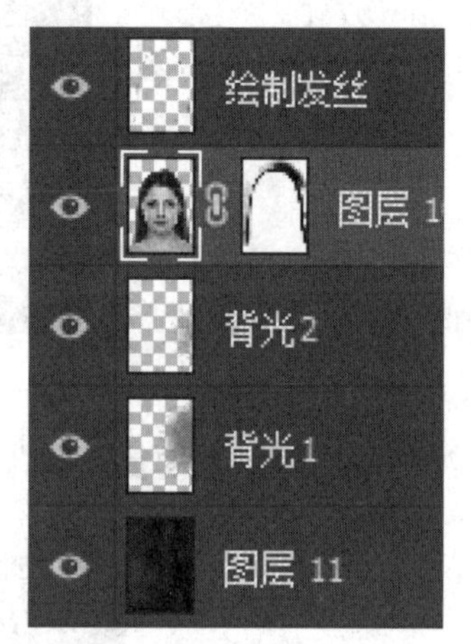

图 10-54

（20）图层盖印（Ctrl+Alt+Shift+E），然后使用 Camera Raw 滤镜进行色调统一性的调整，并添加晕影。注意：不要太过。

最终完成效果见附录 2　彩图附-47。

第 11 课

会动的海报

目标

在本课，读者将学到：

√ 故障艺术海报设计；

√ PS 图层、通道、滤镜的综合应用；

√ 半调网屏效果；

√ PS 动态海报制作。

11.1 开始

1)故障艺术

Glitch Art,意思是"失灵,短时脉冲波干扰"。通过模拟电视机出故障的时候出现的马赛克拉丝现象,表现出一种充满动感的颠覆性的绮丽效果。

2)半调网屏

半调网屏模式作为印刷中的重要方法,可以将印刷的成本降低。

11.2 示范项目一:爵士演唱会海报制作

课前思考:

爵士音乐是一种什么风格?

故障海报是什么样的?

11.2.1 问题陈述

城市要举办一场爵士音乐会,为这场音乐会设计一张宣传海报。

11.2.2 准备工作

计划:

任务 1 风格定位

任务 2 挑选适合的图片、组织文案

实施：

任务 1　风格定位

任务说明	解决思路	结果
灵感搜集，寻找氛围图、标杆图	浏览参考网站，听听爵士音乐，看看爵士乐演唱的现场视频与图片；找一下现成的爵士乐宣传海报、唱片封面等，看看和自己的理解是否一致；再去浏览一些现代流行的海报处理方法，看看能否表达自己对爵士乐的理解；思考本项目需要的设计方向	发现现在流行的故障风格很适合这种带有一些怀旧与神秘风格的作品，故障风格自带的流动感也比较适合表达音乐韵律与节奏变化，寻找符合问题描述的氛围图（图 11-1 和图 11-2） 图 11-1　图 11-2

任务 2　挑选适合的图片、组织文案

任务说明	解决思路	结果
参考标杆图中的场景与元素布局，找到需要的素材图片	在挑选图片的时候，最好是使用自己拍摄的图片，如果没有条件，可以在网上购买一些正版的商业图，如果是个人练习，可以下载一些允许个人使用的图片	选出清晰度与幅面大于需求的优质图片（图 11-3），见附录 2　彩图附-49 图 11-3

11.2.3　实施解答

计划：

任务 1　规划输出版面

任务 2　风格化调色

任务 3　构图与版式设计
任务 4　故障效果设计
任务 5　细节调整与图像文件输出

实施：

任务 1　规划输出版面

任务说明	解决思路	结果
根据项目需求，规划输出形式，确定文件尺寸大小与分辨率	（1）因为制作的是宣传海报，一般考虑需要打印张贴，因此选择 A4 打印模式； （2）宽度 × 高度为 210 mm × 297 mm，分辨率为 300 ppi，色彩模式选 RGB； （3）视图中的校样模式选“工作中的 CMYK”（图 11-4） 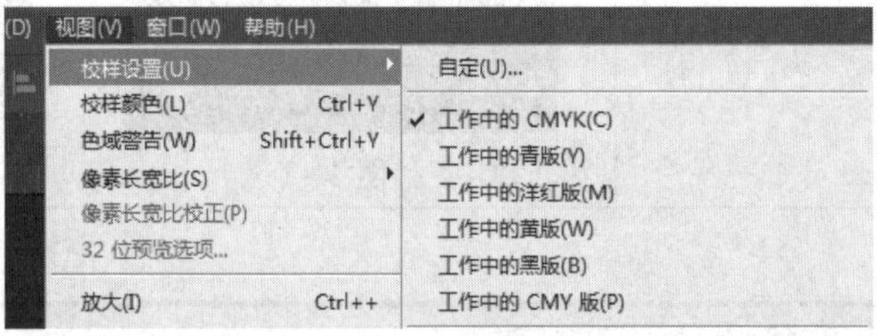 图 11-4	完成 PS 文件建立

任务 2　风格化调色

任务说明	解决思路	结果
根据主题要求进行风格化调色	（1）怀旧感的色彩调整，降低饱和度； （2）爵士感的色彩调整，降低明度； （3）使用曲线工具，压暗背景，加大对比度，使画面更有层次（图 11-5） 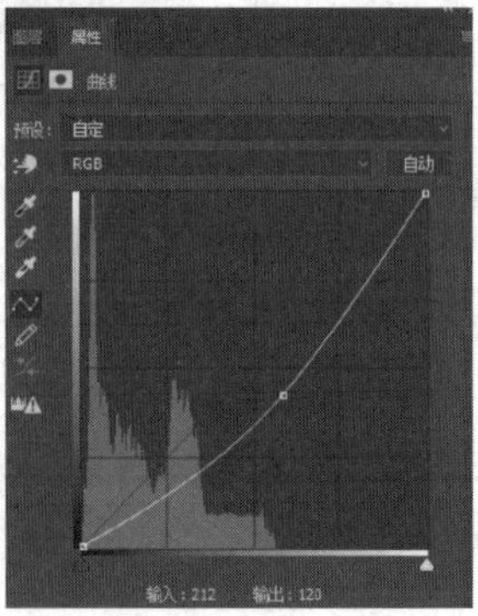 图 11-5	效果图（图 11-6）  图 11-6

任务 3 构图与板式设计

任务说明	解决思路	结果
拖入素材与文案,进行构图与版式设计	(1)把选好的图片拖动到新建的文件中 (2)挪动图片位置,摆放恰当 (3)文案版式的设计:整体使用“窗框”设计,这样更加利于突出中心人物 然后利于线条、文字与图片的穿插,把它们之间的空间关系表现出来,增强画面层次感和视觉冲击力,突出主角光环	效果图(图 11-7) 图 11-7

任务 4 故障效果设计

任务说明	解决思路	结果
利用图层通道原理和滤镜效果制作故障效果	(1)先做一层边缘套色重复的故障效果。这种效果可以利用图层样式中,高级混和中的通道混和模式,不同通道可以分别显示的功能,复制一个通道层,和源图层错位显示(图 11-8)。 图 11-8	效果图(图 11-9) 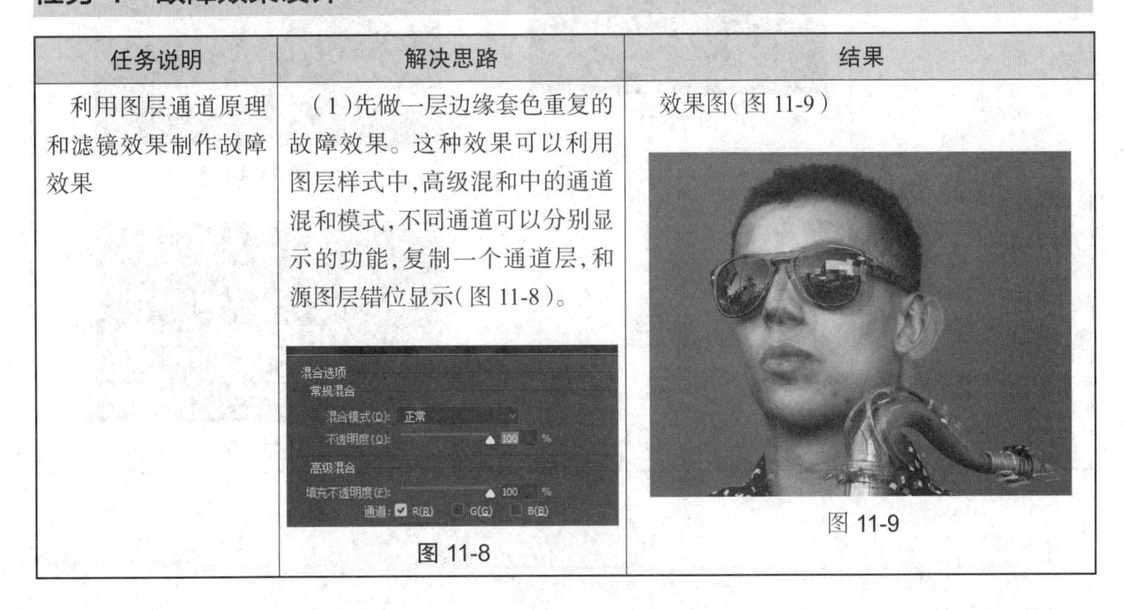 图 11-9

任务说明	解决思路	结果
	（2）建立一个图层组，然后利用滤镜中的扭曲-波浪滤镜。结合通道效果产生第二种故障效果（注意保留一个文案的原始图层组置于最上层）（图 11-9）；  图 11-9 （3）利用文案层的文字和框架，滤镜中的风格化-风效果，结合通道效果制作第三个故障效果； （4）把这几种效果叠加在一起，使用矢量蒙版，把不需要的擦除，需要的露出，最终就完成故障效果的制作（图 11-11） 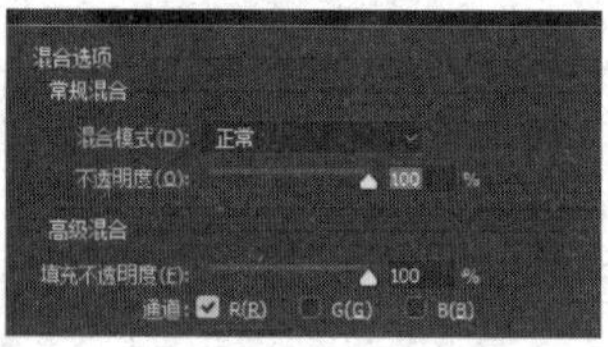 图 11-11	效果图（图 11-12 至图 11-15） 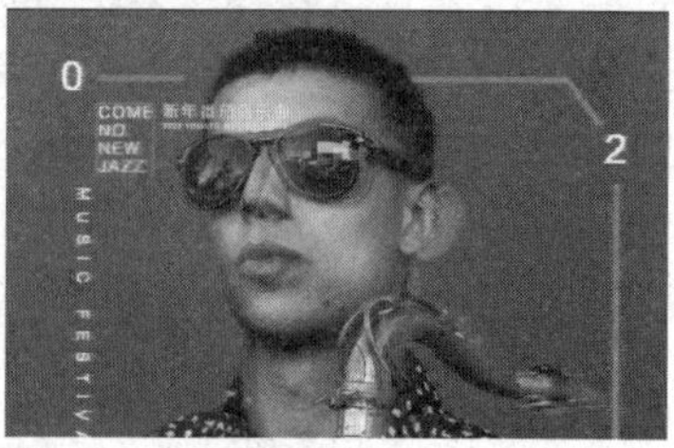 图 11-12  图 11-13 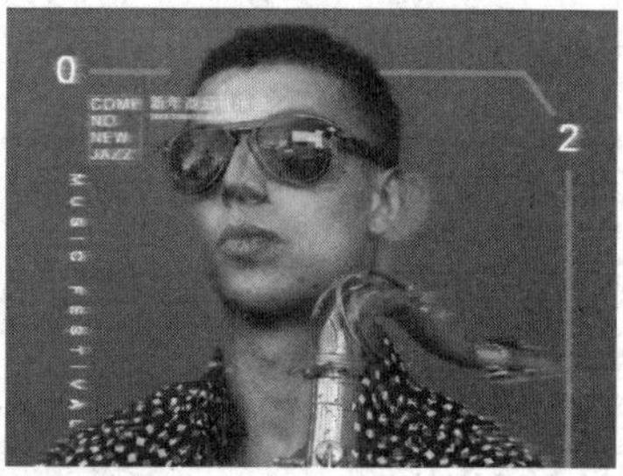 图 11-14  图 11-15

任务 5　细节调整与图像文件输出

任务说明	解决思路	结果
整体查看,调整细节,完善色彩等,最后按照要求进行图像文件输出	(1)盖印图层,使用 Camera Raw 滤镜进行细节调整,完善画面; (2)输出文件	效果图(图 11-16),见附录 2　彩图附-50 图 11-16

11.2.4　再想一想

是否还能设计出其他形式的故障效果?

11.3　实践项目一:街舞宣传海报制作

11.3.1　问题陈述

学校的街舞社团要开展一次街舞演出活动,采用故障艺术手法设计一张海报。

11.3.2 准备工作

计划:

任务 1

任务 2

实施:

任务 1

任务说明	解决思路	结果

任务 2

任务说明	解决思路	结果

11.3.3 实施解答

计划:

任务 1

任务 2

任务 3

任务 4

任务 5

实施：

任务 1

任务说明	解决思路	结果

任务 2

任务说明	解决思路	结果

任务 3

任务说明	解决思路	结果

任务 4

任务说明	解决思路	结果

任务 5

任务说明	解决思路	结果

11.4 示范项目二：爵士演唱会动态海报制作

课前思考：

什么是帧动画？

能不能把示范项目一制作成动态海报？

11.4.1 问题陈述

在之前的示范项目一中，制作了不同的故障效果，通过尝试，也发现可以产生更多的颜色和强度的可能性。能否利用这些效果，配合 PS 时间轴动画，制作一个动态海报？

11.4.2 准备工作

计划：

任务 梳理示范项目一的各种效果

实施：

任务 梳理示范项目一的各种效果

任务说明	解决思路	结果
梳理各种效果，构思需要展示动画的每一帧画面	尝试各种效果之间的变化和联系，思考可能性	（1）从动感最小的画面开始，图层组 1 可以作为第一帧画面； （2）图层 2 作为第二帧画面； （3）以第 2 帧为基础，改变滤镜效果的参数，使得画面变形更加夸张，产生第三帧画面； （4）改变通道层的颜色，也可以制作不同变形颜色的帧

11.4.3　实施解答

计划：

任务 1　制作每一帧的动画

任务 2　动画制作

任务 3　构图与版式设计

实施：

任务 1　制作每一帧的画面

任务说明	解决思路
制作每一帧画面	每一帧可以通过复制前一帧，然后在前一帧的基础上进行有规律的变化，具体构思如下： （1）第一帧画面为组 1； （2）第二帧画面为组 2，删除文案效果； （3）第三帧画面为组 2 的效果加强变色； （4）第四帧回到组 2 的效果（复制组 2）； （5）第五帧是第四帧的颜色变化； （6）第六帧是第五帧滤镜效果加强； （7）第七帧是在第六帧基础上添加一些画面中间的故障效果； （8）第八帧是第七帧的效果加强（图 11-17） 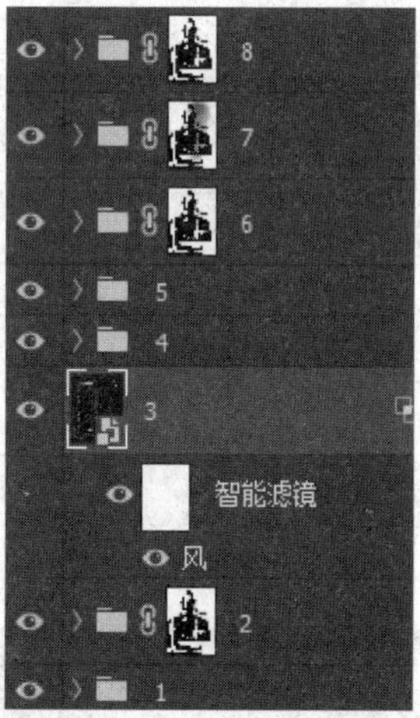 图 11-17

结果

效果图（图 11-18 至图 11-25）

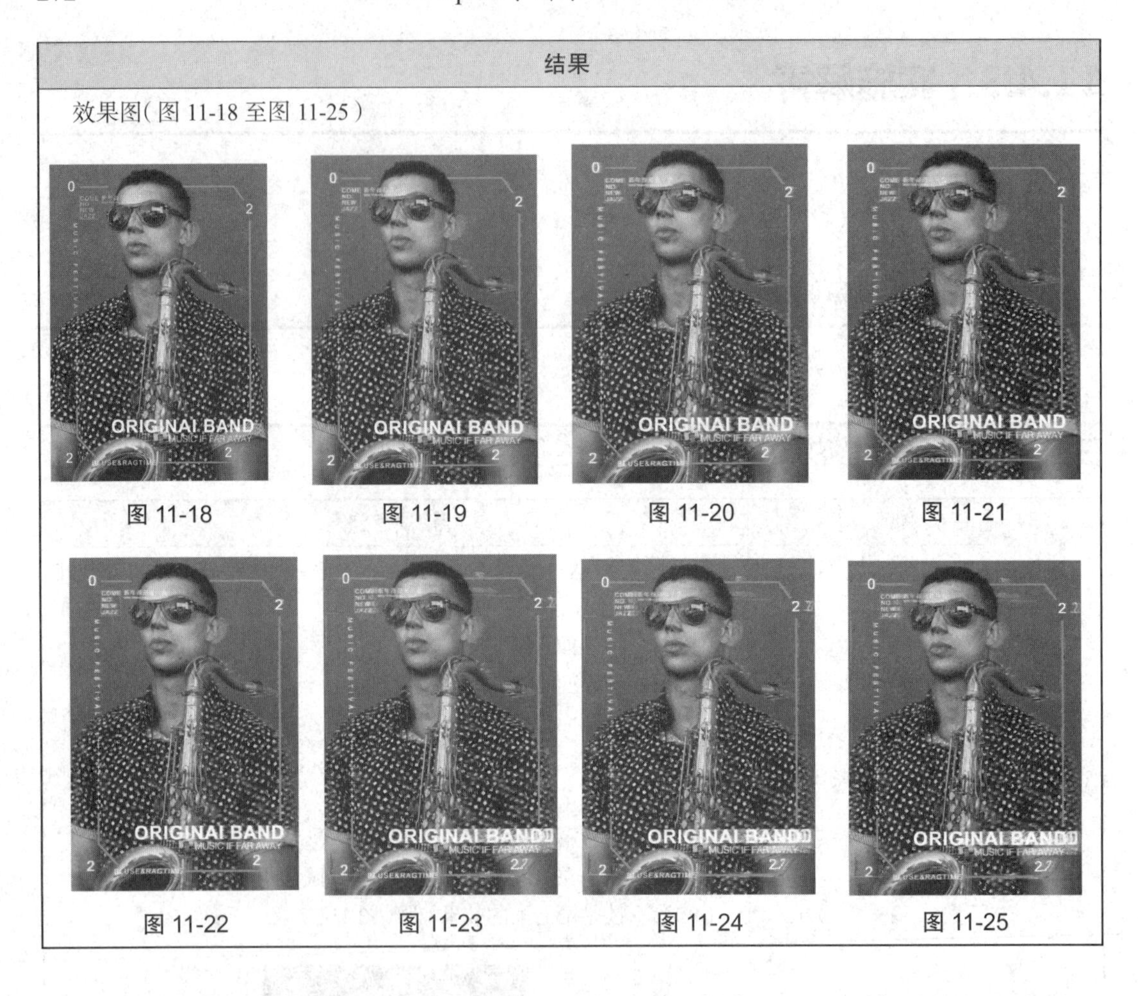

图 11-18　图 11-19　图 11-20　图 11-21

图 11-22　图 11-23　图 11-24　图 11-25

任务 2　动画制作

任务说明	解决思路
建立帧动画	（1）按照前面每一帧的构思，建立 8 帧动画； （2）对应每一帧，显示相应的图层组； （3）为每一帧设置恰当的持续时间，使动画有一定的节奏感

结果

效果图（图 11-26）

图 11-26

任务 3　构图与版式设计

任务说明	解决思路	结果
拖入素材与文案，进行构图与版式设计	（1）把选好的图片拖动到新建的文件中； （2）挪动图片位置，摆放恰当； （3）文案版式的设计，整体使用“窗框”设计，这样更加利于突出中心人物 （4）利用线条、文字与图片的穿插，把它们之间的空间关系表现出来，增强画面层次感和视觉冲击力，突出主角光环	效果图（图 11-27），见附录 2　彩图附-51 图 11-27

11.5　实践项目二：街舞宣传海报制作

11.5.1　问题陈述

学校的街舞社团要开展一次街舞演出活动，请采用故障艺术手法设计一张海报。

11.5.2　准备工作

计划：

任务 1

任务 2

实施:

任务1

任务说明	解决思路	结果

任务2

任务说明	解决思路	结果

11.5.3 实施解答

计划:

任务1

任务2

任务3

实施:

任务1

任务说明	解决思路	结果

任务 2

任务说明	解决思路	结果

任务 3

任务说明	解决思路	结果

11.6　技术参考

目标

在这一部分,读者将学到:

√ 逐帧动画;

√ PS 时间轴;

√ 巧用 PS 时间轴进行动态海报设计。

11.6.1　逐帧动画

11.6.1.1　基本动画原理

观众看到的动画,它们像是一堆串联起来的画面,每一个画面称为一帧,这些帧的内容总比前一帧有所变化,当快速播放这些画面时,人眼就产生了运动的错觉。每一帧都很短,并且很快被另一帧所替代,这样就产生了动画的感觉。

11.6.1.2 逐帧动画

利用以上说的基本的动画原理，一帧一帧地制作出画面，然后设定它们的播放时间，快速连续播放，这样的动画制作方法就是逐帧动画。

PS 时间轴是一种简单的动画制作工具。其中提供的一种最基本的动画制作模式就是逐帧动画。

下面演示在 PS 中利用时间轴中的逐帧动画创建一个小人行走的动态图。

（1）准备好每一帧的图画（图 11-28）。

图 11-28

①建立一个新 PS 文件，分别把上面的小人导入其中，每一个小人占一个图层（图 11-29）。

②分别命名为第 1 帧、第 2 帧、第 3 帧、第 4 帧（图 11-30）。

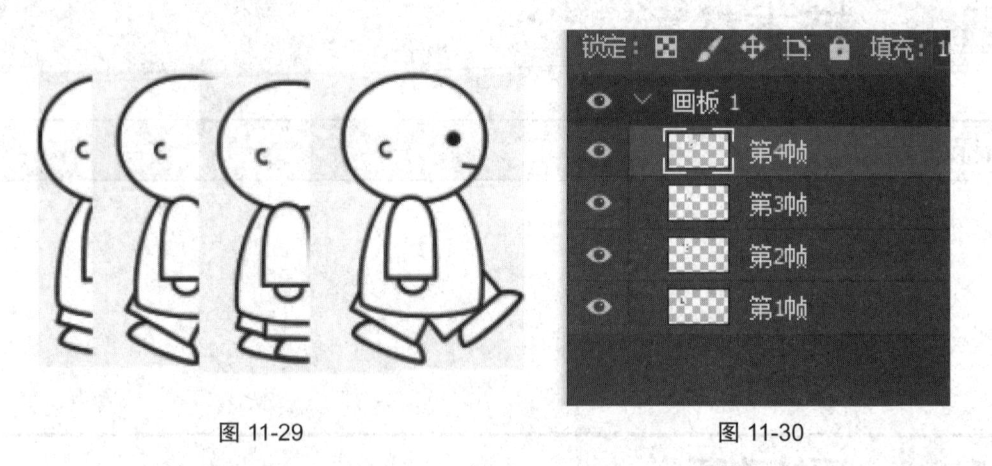

图 11-29　　图 11-30

（2）关闭除第 1 帧的每一个图层（图 11-31 和图 11-32）。

图 11-31

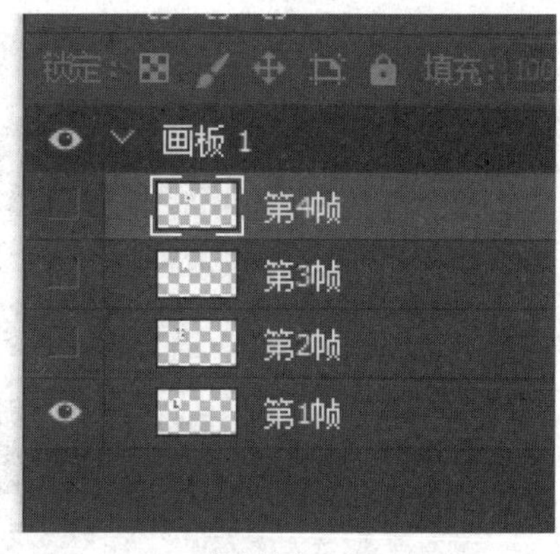

图 11-32

(3)窗口菜单选时间轴(图 11-33),选择“创建帧动画”(图 11-34)。

图 11-33

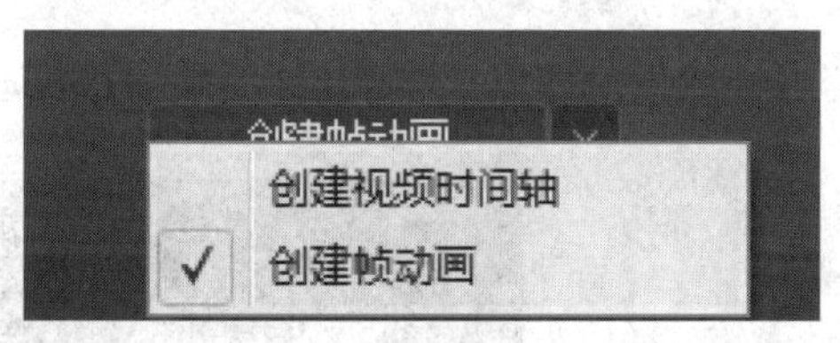

图 11-34

(4)时间轴上出现一帧(图 11-35)。

图 11-35

(5)点击 0 秒处,设置 0.2 秒,点击一次下拉菜单,设置为永远(图 11-36)。

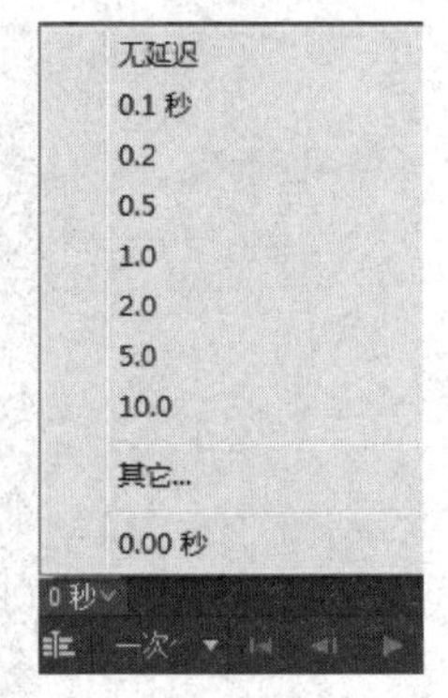

图 11-36

（6）点击复制帧，出现第 2 帧（图 11-37）。

图 11-37

（7）调整图层，打开第 2 帧图层的眼睛，关闭其他图层（图 11-38 和图 11-39）。

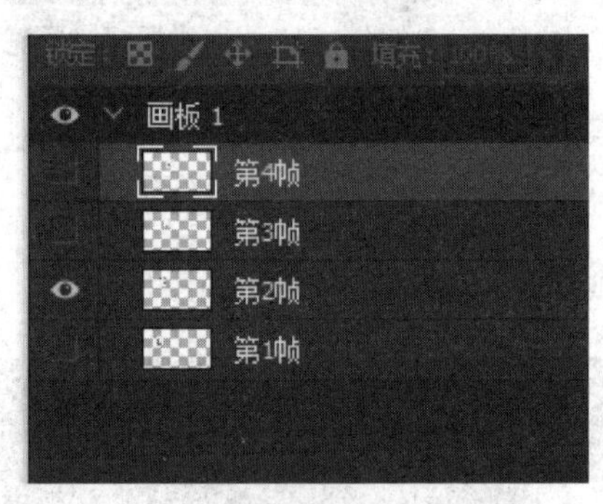

图 11-38　　图 11-39

（8）点击复制帧（图 11-40）。

图 11-40

（9）调整图层，打开第 3 帧图层的眼睛，关闭其他图层（图 11-41）。

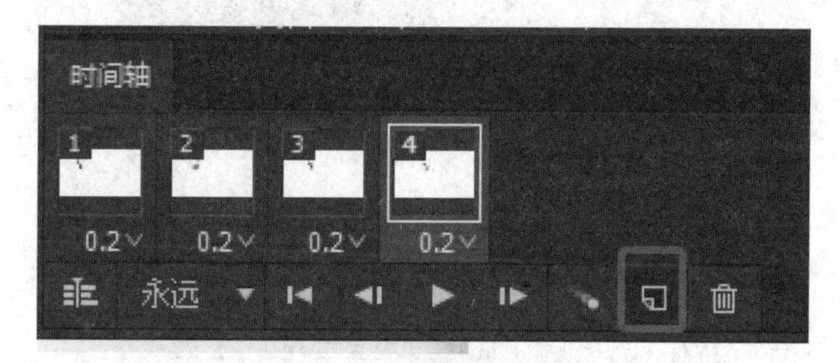

图 11-41

（10）点击复制帧。

（11）调整图层，打开第 4 帧图层的眼睛，关闭其他图层（图 11-42 和图 11-43）。

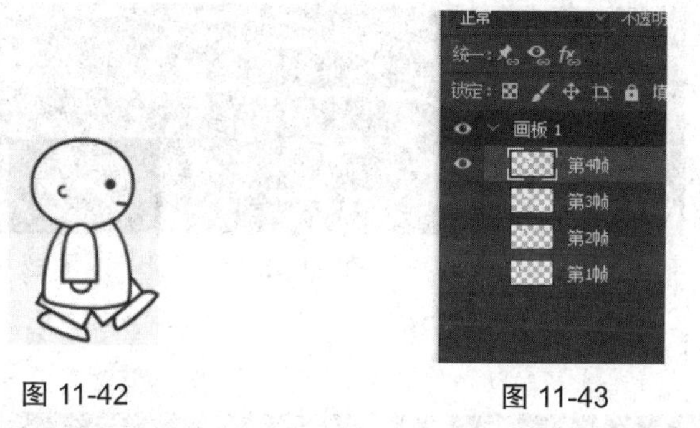

图 11-42　　图 11-43

（12）点击播放按钮，查看效果，可以选中每一帧，对小人的位置和每一帧的时间进行调整（图 11-44）。

图 11-44

（13）导出动画文件（图 11-45）。

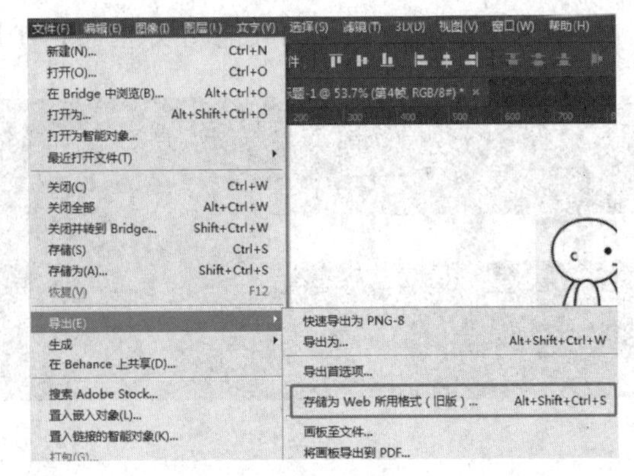

图 11-45

①预设选 gif(图 11-46)。

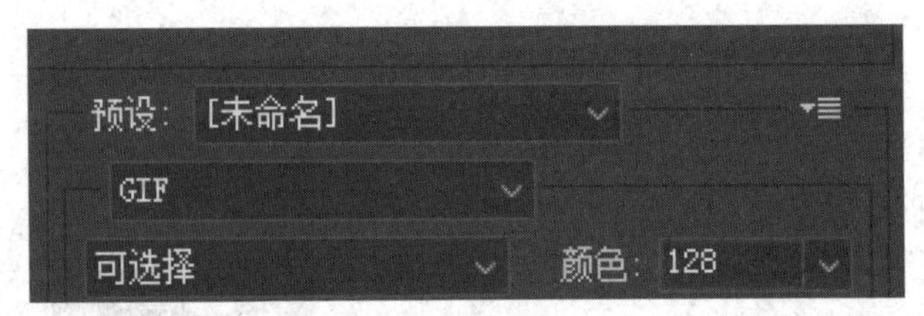

图 11-46

②循环选项选永远(图 11-47)。

图 11-47

③点击保存,保存文件(图 11-48)。

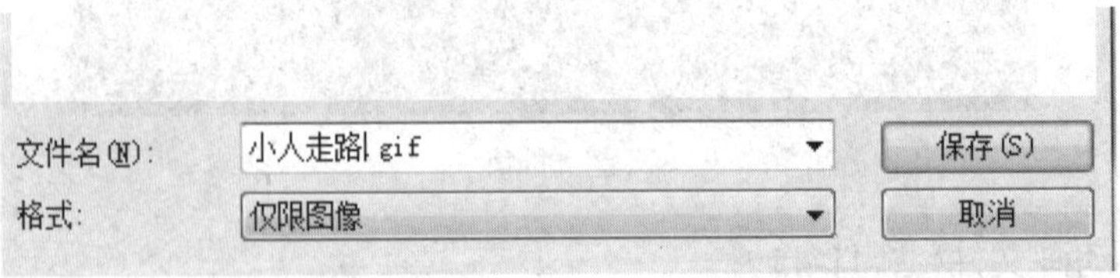

文件名(N): 小人走路.gif 保存(S)
格式: 仅限图像 取消

图 11-48

11.6.2　示范项目一步骤详解

1. 建立文件，导入素材

（1）新建 PS 文件，文件大小 A4，分辨率 300 pdi，色彩模式 RGB（图 11-49）。

图 11-49

（2）选择视图→校样设置→工作中的 CMYK（图 11-50）。

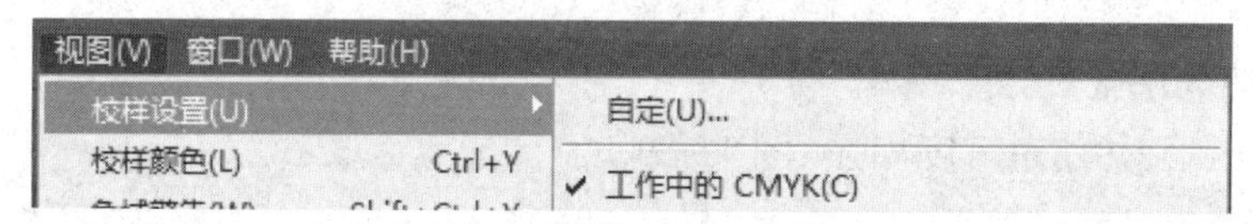

图 11- 50

（3）把素材图片拖入文件中，为素材图层起名为素材（图 11-51）。

图 11-51

2. 人物调色

（1）建立色相饱和度调整层，饱和度和明度（图 11-52）。

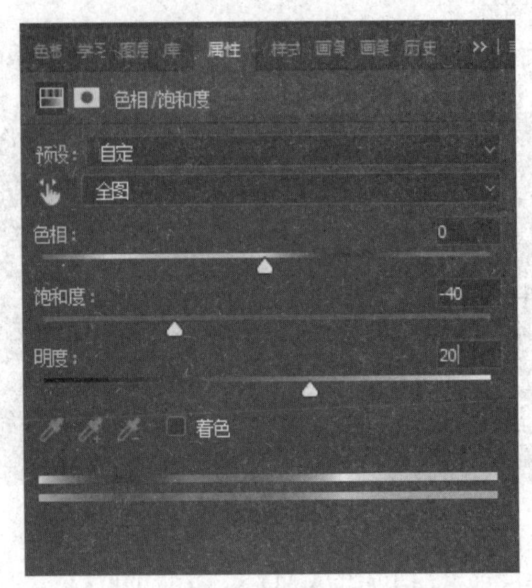

图 11-52

（2）建立曲线调整层。

①把背景压暗，并使对比度加强（图 11-53）。

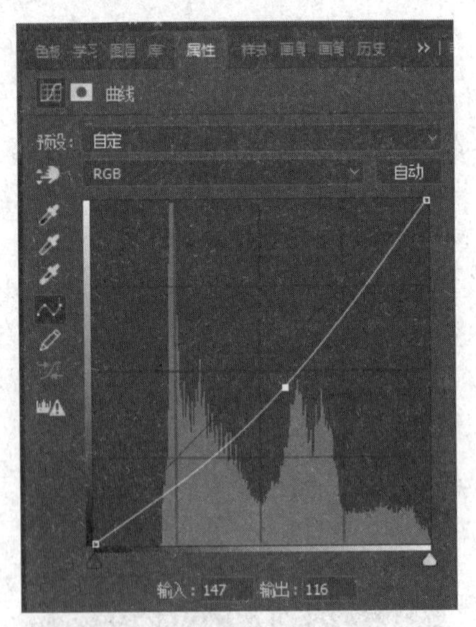

图 11-53

②效果如图 11-54 所示。

图 11-54

3. 文字排版

（1）使用矩形工具绘制一个描边 20 px，填充为无的矩形。并使用钢笔工具对其中三个转角进行调整（图 11-55）。

图 11-55

（2）输入文案，注意字体的选择，尽可能选同一个字族不同粗细的文字进行搭配，如果相同字族没有合适的粗细，可以选择类似字族中合适的字重进行匹配。这里选择的是 Arail 和 Helvetica LT Light，中文使用的是思源黑体的 Light。

（3）为最外层的矩形框添加一个图层蒙版，把线条进行一些断开的擦除，调整文字的位置，与线条进行穿插配合（图 11-56）。

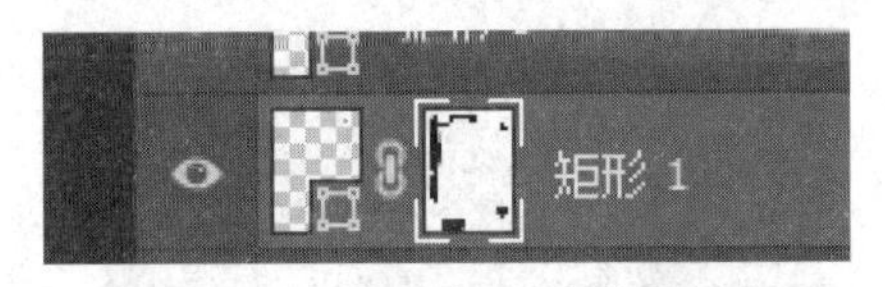

图 11-56

①效果如图 11-57 所示。

图 11-57

②注意整理图层，把文案相关内容建立组并命名为文案，人物和调整层命名为人物（图 11-58）。

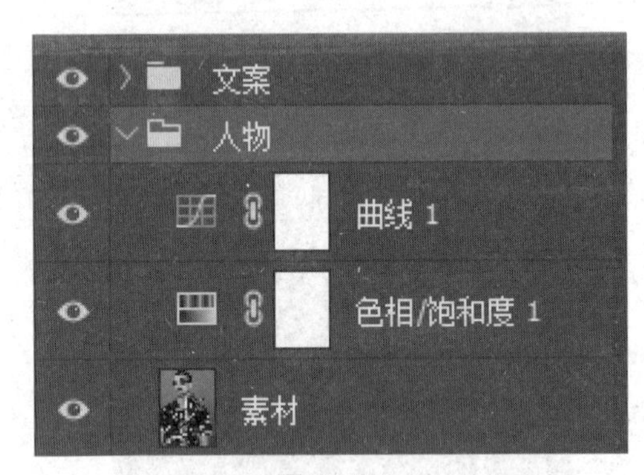

图 11-58

（4）复制人物组，并把复制的组合并命名为通道层（图 11-59）。

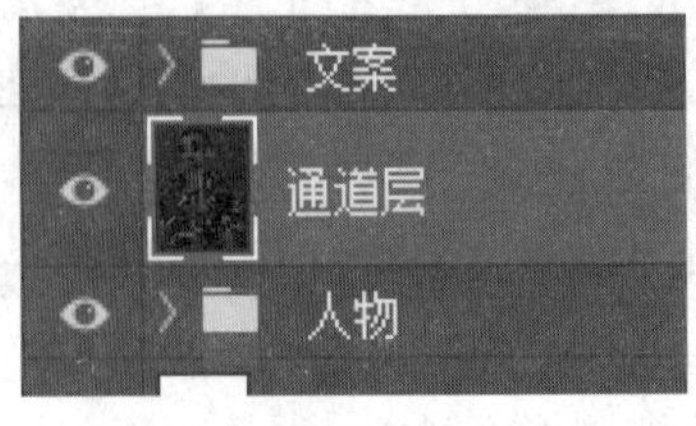

图 11-59

（5）双击通道层，在图层样式中将通道 G、B 取消勾选（图 11-60）。

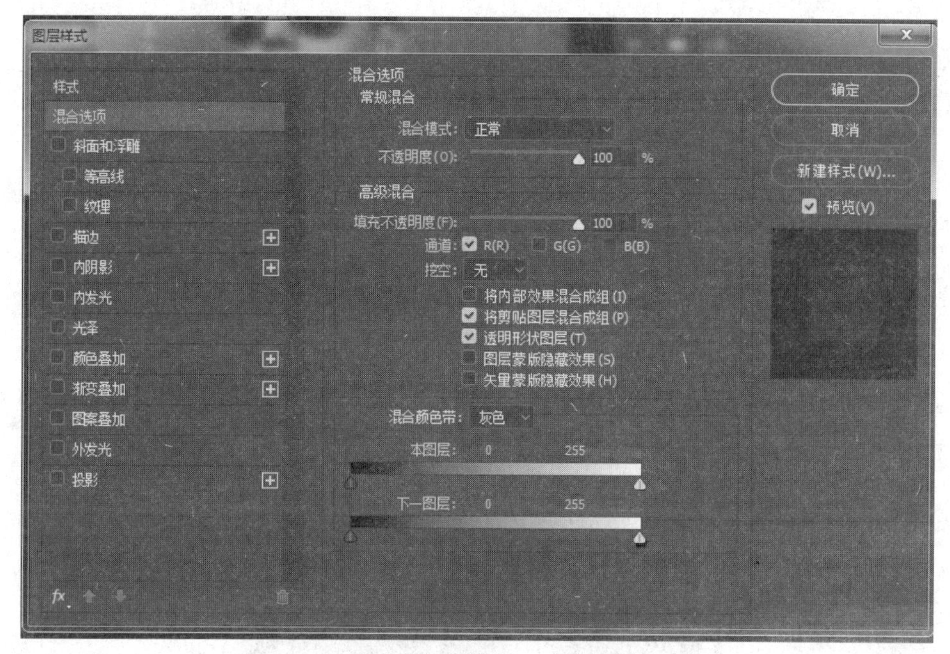

图 11-60

（6）使用键盘的上下左右键微微移动通道层，让它和人物层错位（图 11-61）。

图 11-61

（7）群组所有图层命名为 1（图 11-62）。

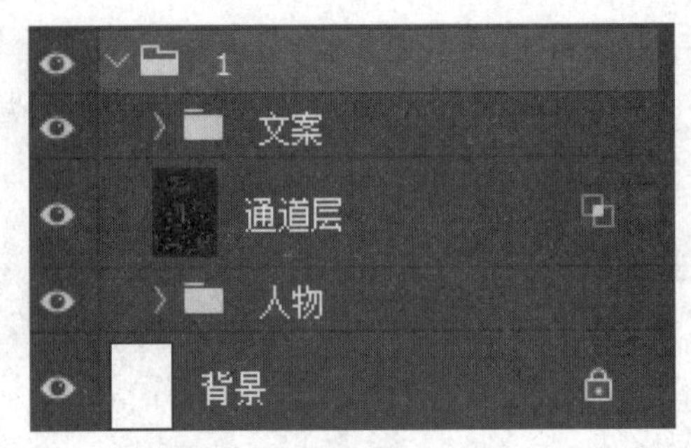

图 11-62

（8）复制组 1，命名为 2，关闭 1 前的小眼睛。在组 2 内，通道层上盖印可见图层（Ctrl+-Shift+Alt+E），并命名为盖印图层，点击右键，转换为智能对象（图 11-63）。

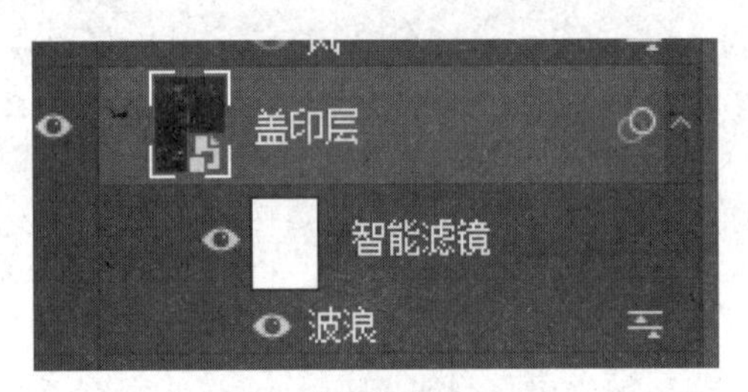

图 11-63

（9）添加滤镜→扭曲→波浪，设置适当的参数（图 11-64）。

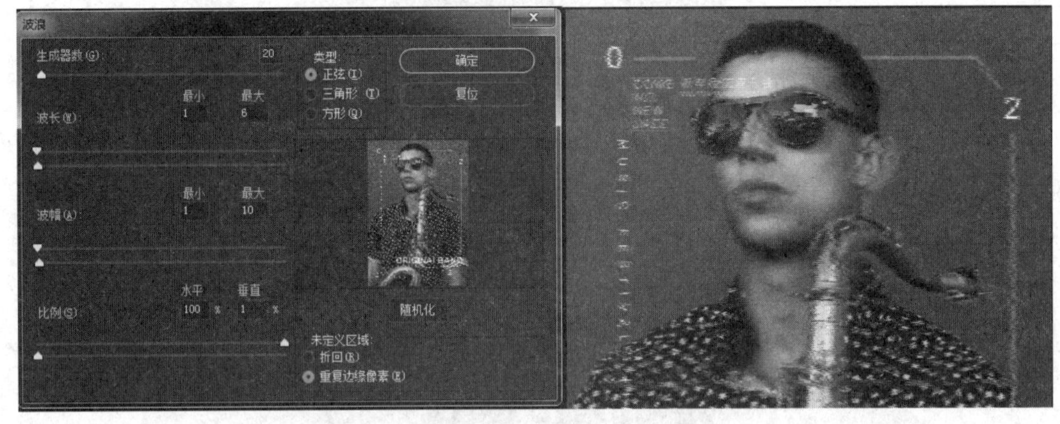

图 11-64

添加蒙版，用黑色画笔在蒙版中擦除脸部（图 11-65）。

图 11-65

(10)盖印可见图层,转换为智能对象,并命名为通道层。

①在通道层添加滤镜→风格化→风,添加两次,方法为风。方向为从左(图 11-66)。

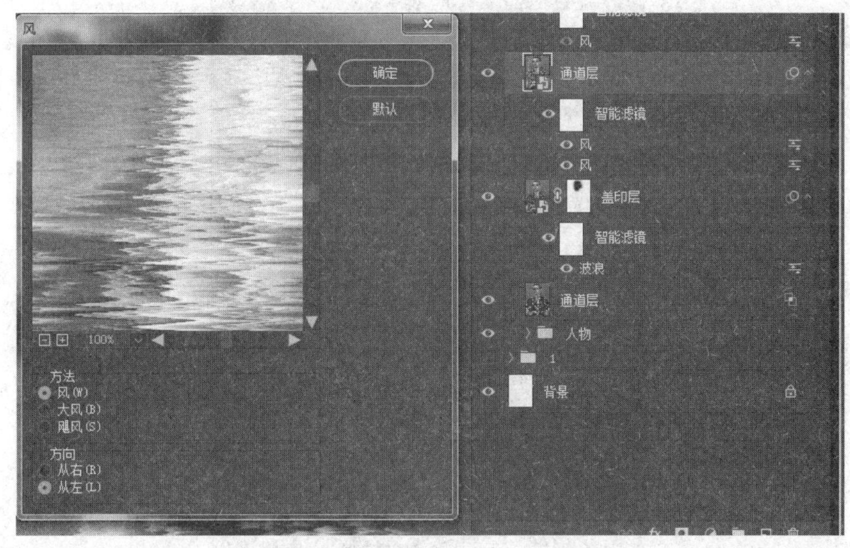

图 11-66

②设置图层样式,填充不透明度→通道,取消 G 通道(图 11-67 和图 11-68)。

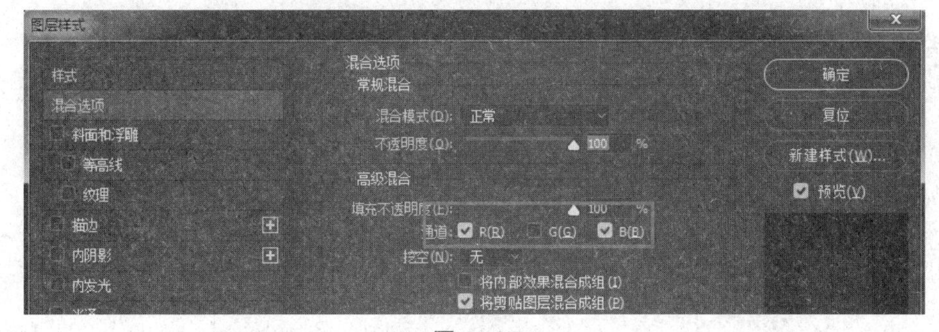

图 11-67

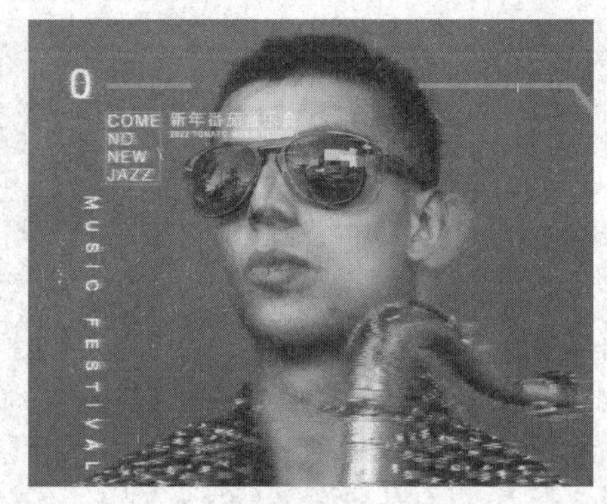

图 11-68

（11）复制文案图层组，置于文案组下方，合并组为图层，转换为智能对象，命名为文案通道层。

①添加滤镜→风格化→风→飓风（图 11-69）。

图 11-69

②复制文案通道层，挪动位置，添加矢量蒙版，擦除不必要的部分（图 11-70）。

图 11-70

（12）点开组 1 的小眼睛为组 2 添加矢量蒙版，擦除脸部、乐器和衣服的部分（图 11-71）。

图 11-71

（13）再次盖印图层，使用 Camera Ram 滤镜对高光、阴影、清晰度稍做调整，最后压暗四角（图 11-72，附录 2　彩图附-50）。

图 11-72

11.6.3 示范项目二步骤详解

(1)复制组2命名为6,并关闭其前的眼睛隐藏起来。

(2)打开组2,删掉其中的文案通道层和文案通道层拷贝层(图11-73)。

图 11-73

（3）再复制组 2，命名为 3，转换为智能对象，添加滤镜→风格化→风→大风，图层样式改变通道选项（图 11-74）。

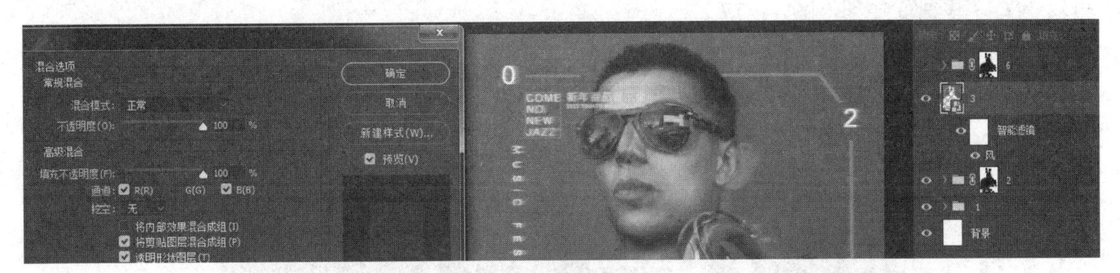

图 11-74

（4）复制组 2，命名为 4，放到 3 的上面（图 11-75），为组 4 中的通道层添加图层样式。

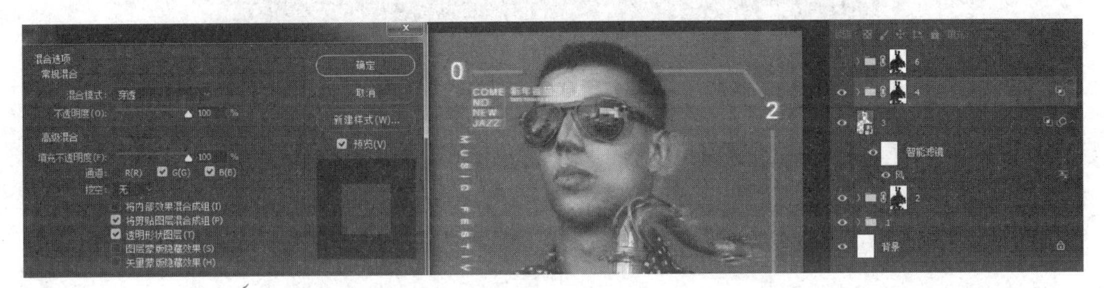

图 11-75

（5）复制组 2，命名为 5，放到 4 上面，复制组 6，命名为 7，放到 7 的上面，打开 6 前的眼睛，关闭 7（图 11-76），把 6 组文案通道的风属性改为大风，删除文案拷贝通道。

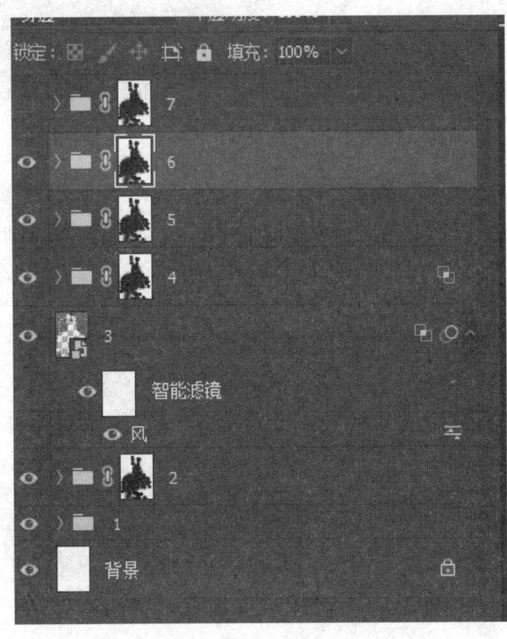

图 11-76

（6）打开组 7 前的眼睛，再复制组 7，命名为 8，关闭组 8；选组 7，删除其中的文案拷贝图层，用箭头键把文案通道图层向左移动，隐藏左侧的蓝色线条，使用黑色画笔，不透明度调低，涂抹一下画面中部（图 11-77）。

图 11-77

（7）打开组 8 前的眼睛，打开选组 8，把其文案通道图层向右移动一下，露出最左侧蓝色条（图 11-78）。

图 11-78

（8）至此，8 帧动画的每帧画面都完成了。

（9）选菜单→窗口→时间轴，打开时间轴面板，点击创建帧动画，时间设为 0.2 秒，播放次数为永远（图 11-79）。

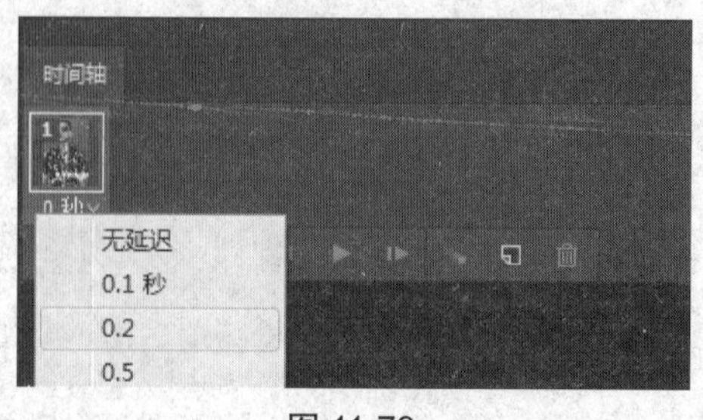

图 11-79

（10）在图层中只点开 1 组，其他的都关闭（图 11-80）。

图 11-80

（11）点击复制帧按钮（图 11-81）。

图 11-81

（11）设置延迟时间是 0.05 秒（图 11-82）。

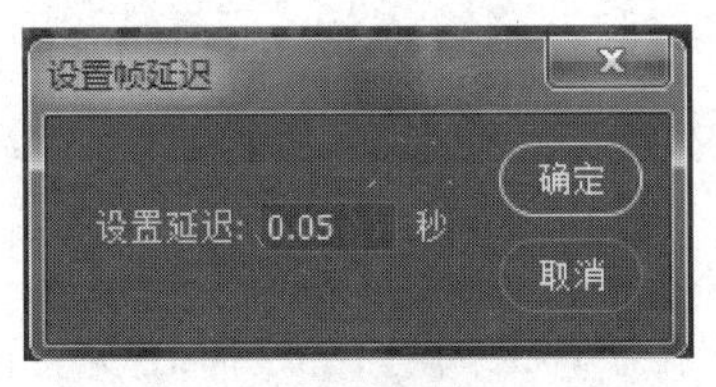

图 11-82

（12）图层显示 1、2 组（图 11-83）。

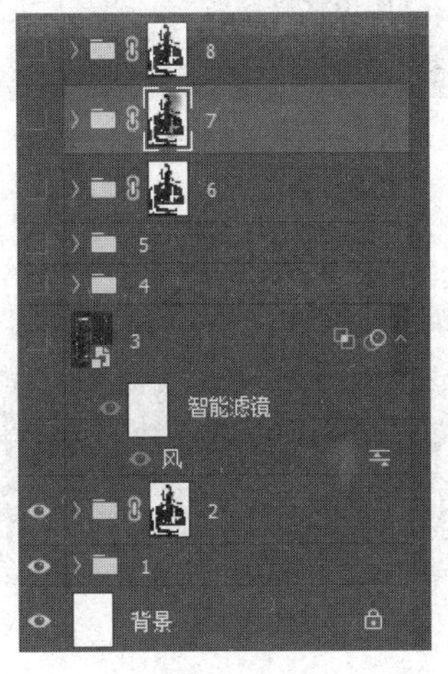

图 11-83

(13)继续复制帧,图层显示 1、2、3,依次复制帧,一共为 8 帧,对应依次打开 4、5、6、7、8 组,时间设置如图 11-84 所示。

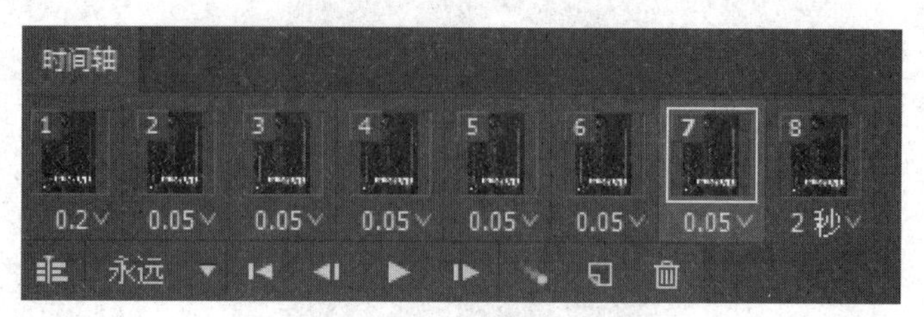

图 11-84

(14)点击播放按钮,观看动画效果;如果有不流畅的地方,调整一下(图 11-85)。

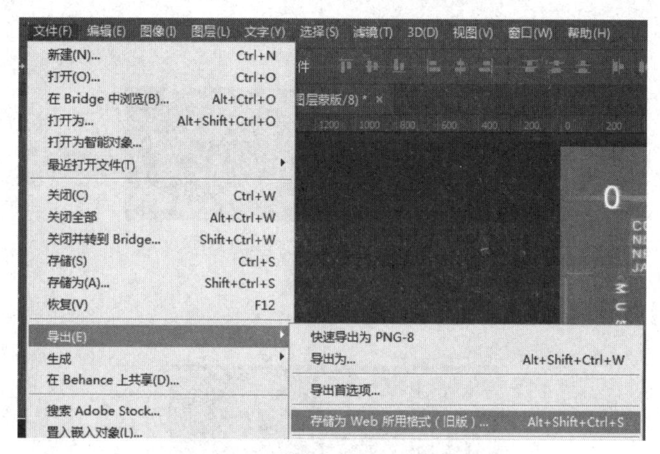

图 11-85

(15)文件菜单选导出→存储为 Web 所有格式,输出为 GIF(图 11-86)。

图 11-86

(16)下面的动画-循环选项选永远,点击存储(图 11-87)。

图 11-87

(17)保存好的 GIF 文件,可以拖动到浏览器中观看效果。

附录 1

这里提供每个项目的评价方法,项目考评表由教师填写,可作为学生完成这个项目的一个客观评价计入考核评价。学生互评表单是学生作品宣讲时互相交流的一个方式,不计入考核评分。

项目考评表(本表由教师填写)

项目名称:________________________________

创意表现:

○优　○良　○合格　○ 无

设计表达运用:

○优　○良　○合格　○不合格

技巧完成度:

○优　○良　○合格　○不合格

制作精致度:

○优　○良　○合格　○不合格

文件提交完整程度:

○优　○良　○合格　○不合格

总评:　○优　○良　○合格　○不合格

学生互评表

项目名称:________________________________

觉得这个设计:

○太有趣了　○太厉害了　○ 太辛苦了　○太想买了

觉得哪方面再加强会更棒:

○概念　○呈现方式　○造型细节　○ 其他:____________________

鼓励或任何意见:____

____

附录 2

彩图附-1　彩图附-2　彩图附-3　彩图附-4

彩图附-5　彩图附-6　彩图附-7　彩图附-8

彩图附-9　彩图附-10　彩图附-11　彩图附-12

彩图附-13　彩图附-14　彩图附-15　彩图附-16

彩图附-17 彩图附-18 彩图附-19 彩图附-20

彩图附-21 彩图附-22 彩图附-23 彩图附-24

彩图附-25 彩图附-26 彩图附-27 彩图附-28

彩图附-29 彩图附-30 彩图附-31 彩图附-32

彩图附-33　彩图附-34　彩图附-35　彩图附-36

彩图附-37　彩图附-38　彩图附-39　彩图附-40

彩图附-41　彩图附-42　彩图附-43　彩图附-44

彩图附-45　彩图附-46　彩图附-47　彩图附-48

彩图附-49	彩图附-50	彩图附-51	